Mounir Bennajah

Naoil Chaouni

# ÉCHANGEURS DE CHALEUR

Sciences de l'ingénieur

2014

**Editions TECHNIP, 5 av. de la République 75011 Paris**

Chez le même éditeur :

*Exercices résolus de thermique*
*Tome I, Lois de base et conduction*
*Tome II, Rayonnement thermique*
M.-S. Radhouani, N. Daouas

*Automatisation des processus dans l'espace d'état*
P. Borne, P. Vanheeghe, E. Duflos

*Conception des systèmes d'information*
M. Bigard, J.-P. Bourey, H. Camus, D. Corbeel

*Logistique de la production*
K. Ghedira

*Optimisation combinatoire par métaheuristique*
K. Ghedira

---



© Éditions Technip, Paris, 2014
ISBN 978-2-7080-1034-6

# Remerciements

Cet ouvrage a été revu et corrigé par plusieurs spécialistes de différentes affiliations :
- École Nationale Supérieure des Mines de Paris,
- Université de Lille,
- École Nationale Supérieure des Mines de Rabat,
- École Centrale de Lille.

Nous remercions les personnes ayant contribué de près ou de loin à l'élaboration de ce livre. Un remerciement chaleureux s'adresse à Pierre Borne, Professeur des Universités à l'École Centrale de Lille qui a assuré l'accompagnement de ce travail au cours de sa publication.

# Introduction

Une fois connues les notions basiques de transfert thermique, cet ouvrage analyse en détail les applications *industrielles* des différents modes de transfert, à savoir *conduction et convection de chaleur*, et ce, à travers l'étude des échangeurs de chaleur et de leur technologie. L'ouvrage permet d'offrir à l'ingénieur un ensemble d'outils et de techniques nécessaires au calcul direct *(rating)*, au dimensionnement et à la conception *(design)* des appareils d'échange de chaleur. Les algorithmes de calcul basés sur l'utilisation des dimensions standardisées (*Tubular Exchanger Manufacturers Association, Birmingham Wire Gauge*) devront conduire au dimensionnement et au choix de l'appareil adéquat, en connaissant un minimum d'informations relatives aux fluides, objet d'échange de chaleur.

L'ouvrage débute par des rappels des modes de transfert comme éléments de base du transfert thermique. Dans ce contexte, des exemples d'application pour illustration sont traités afin de maîtriser l'écriture des bilans et des flux de chaleur, du calcul du coefficient global et des différentes résistances au transfert. Dans cette partie, un descriptif général des différents types d'échangeurs de chaleur utilisés en industrie est discuté, accompagné d'illustrations.

Au sein des appareils d'échange, plusieurs phénomènes de transfert interagissent et ils sont parfois le siège d'un transfert de chaleur accompagné de changement de phase. Dans ce cadre, une deuxième partie est consacrée à l'étude du transfert convectif dans le cas monophasique et dans le cas de la condensation et de l'évaporation. Les différents cas de figure de changement de phase et les configurations des dispositifs d'échange (plaques planes, intérieur et extérieur des cylindres…) sont discutés, les corrélations de calcul du coefficient de transfert sont ainsi éditées.

Dans la troisième partie, un descriptif détaillé des différents types d'échangeurs, leurs technologies et leurs composantes sont discutés afin d'approfondir la maîtrise de ces appareils et d'initier l'ingénieur à leur conception. Dans ce cadre, plusieurs tables de valeurs normalisées des pièces et de composantes formant les échangeurs sont illustrées.

La quatrième partie fait l'objet d'une description des deux méthodes conventionnelles de calcul des échangeurs : Différence de Température Logarithmique Moyenne (DTLM) et efficacité–Nombre d'Unités de Transfert (NUT). Ces deux méthodes conventionnelles sont adaptées aux différents types d'échangeurs industriels moyennant la prise en compte d'un coefficient correctif F dans le cas de DTLM et des valeurs expérimentales illustrées dans la littérature pour le cas de NUT. Dans ce cadre, ce chapitre met le point sur les différents abaques disponibles en littérature illustrant les valeurs (empiriques) de F et des efficacités en fonction du type d'échangeur et des températures des fluides utilisés.

Cet ouvrage s'achève par des exemples industriels de synthèse ayant comme objectif le dimensionnement et l'optimisation énergétique de quelques échangeurs (les plus utilisés en industrie). Cela permet d'appliquer les notions capitalisées à des fins industrielles sur la base d'études de cas.

# Sommaire

# Rappels

L'échange de chaleur, qui se produit entre deux corps à des températures différentes, peut se faire selon trois modes :

- *Conduction* : la chaleur se propage de proche en proche à travers la matière sans qu'il n'y ait de transfert de cette dernière. La conduction assure un bon transfert de chaleur à travers les solides.

- *Convection* : dans un fluide, les différences de température produisent des différences de densité pouvant amener à des mouvements de la matière, dits mouvements de convection.

- *Rayonnement* : les corps émettent de l'énergie par leur surface sous forme de radiations. C'est un moyen qui n'a pas besoin de support matériel ; on le rencontre donc dans le vide. Tous les corps transparents permettent à la chaleur de se propager ainsi. Dans les installations industrielles, il est souvent nécessaire d'apporter une quantité de chaleur importante à une partie du système. Dans la majorité des cas, la chaleur est transmise à travers un échangeur de chaleur. On estime à 90 % la part des transferts d'énergie réalisée par les échangeurs de chaleur dans l'industrie.

## 1. Équations basiques de transfert de chaleur

Il faut tout d'abord définir un système (S) par ses limites dans l'espace et établir l'inventaire des différents flux de chaleur qui influent sur l'état du système. Les flux mis en jeux sont donc : flux de chaleur stocké, généré, entrant et sortant.

Le bilan du système (S) s'écrit :

Flux sortant = Flux entrant + Génération – Accumulation

### 1.1 *Transfert de chaleur par conduction (loi de Fourier)*

La chaleur s'écoule sous l'influence d'un gradient de température par conduction des hautes vers les basses températures. La quantité de chaleur transmise par unité de temps et par unité d'air de la surface isotherme est appelée *densité de flux de chaleur*, où S est l'aire de la surface ($m^2$).

$$\frac{dQ}{d\vec{S}} = -\lambda.\vec{\nabla}(T)$$  Fourier en trois dimensions  *(Éq. 1)*

$$Q = -\lambda.S.\frac{dT}{dx}$$  Fourier en une direction  *(Éq. 2)*

Avec $\lambda$, la constante de proportionnalité. $\lambda$ est nommée *conductivité thermique* du matériau. Elle est toujours positive. Dans le système international, la conductivité thermique $\lambda$ s'exprime en $J.m^{-1}.K^{-1}.s^{-1}$ ou, en $W.m^{-1}.K^{-1}$.

$Q$ est la quantité de chaleur diffusée à travers la surface S ($m^2$) par unité de temps. $Q$ est appelé flux de chaleur.

Le flux thermique (ou flux de chaleur), souvent noté $Q$, entre deux milieux de températures différentes correspond à la puissance thermique qui s'écoule par unité de temps $t$ entre les deux milieux :

$$Q = \frac{Chaleur\ (j)}{\Delta t}$$

L'unité du flux de chaleur (puissance thermique) est le watt (W) ($W = J.s^{-1}$).

Dans le tableau suivant, sont reportées les conductivités de quelques corps solides, liquides et gazeux.

| | Lambda /m,°C | | Lambda /m,°C |
|---|---|---|---|
| polyuréthane | 0,025 W | vermiculite exfolié | 0,05 à 0,07 w |
| polystyrène extrudé | 0,03 W | chanvre en vrac | 0,05 à 0,07 w |
| Laine de verre | 0,034 à 0,056 w | brique de chanvre | 0,12 w |
| Laine de lin | 0,035 à 0,038 w | brique monomur | 0,11 à 0,18 w |
| Ouate de cellulose | 0,035 à 0,040 w | bois | 0,12 à 0,23 w |
| Laine de roche | 0,038 à 0,047 w | béton cellulaire | 0,16 à 0,24 w |
| Laine de chanvre | 0,04 w | blocs de terre comprimée | 1,05 w |
| Polystyrène expansé | 0,04 w | brique de terre crue | 1,1 w |
| Perlite exfoliée | 0,05 w | brique de terre cuite | 1,15 w |
| Laine de coco | 0,05 w | béton plein | 1,75 w |
| liège expansé | 0,05 w | pierre lourde | 2,1 à 3,5 w |
| panneaux de fibre de bois | 0,05 w | acier | 52 w |

D'une façon générale, la conductivité de la chaleur des métaux est beaucoup plus élevée que celle des substances non métalliques. Les gaz sont plutôt mauvais conducteurs : le caractère isolant de la laine de verre est dû à la présence d'air emprisonné entre les fibres.

## *1.2   Transfert par convection*

La convection est un mécanisme de diffusion de chaleur pris en compte lorsqu'il s'agit d'un fluide en mouvement (déplacement de matière) ou en agitation. C'est en effet le transfert de chaleur entre un solide et un fluide, l'énergie étant transmise par déplacement du fluide. L'agitation dans les fluides peut être macroscopique comme dans des systèmes dotés d'agitateurs ou de pompes. Elle peut être aussi microscopique : c'est le cas de l'agitation thermique (mouvement Brownien) des forces de répulsion et d'attractions dues aux éléments chargés présents dans le fluide (gradient de concentration).

Pour un écoulement à une température $T_\infty$ autour d'une structure, à une température uniforme $T_S$ de surface S, l'expression du flux de chaleur en convection est donnée par la relation de Newton :

$$Q = h.\,S.\,(T_s - T_\infty) \qquad\qquad (\textit{Éq. 3})$$

où h est le coefficient de transfert thermique par convection en $(W.m^{-2}.K^{-1})$. Cette loi empirique dépendra donc fortement de la situation physique, en particulier du contact entre les deux milieux et de la mobilité du fluide en question.

La convection est classée en deux types, suivant la force motrice véhiculant le mouvement du fluide : convection libre et convection forcée.

## *1.3   Transfert par rayonnement*

Un corps chauffé émet de l'énergie sous forme de rayonnement électromagnétique. Une des particularités de ce rayonnement dit « thermique » est qu'il peut se propager dans le vide. Le rayonnement thermique est caractérisé par une densité d'énergie et un spectre (répartition de l'énergie suivant la longueur d'onde), il se déplace vers les courtes longueurs d'ondes quand la température du corps augmente. Il s'agit du seul mode pouvant se propager dans le vide ; il trouve son origine dans le mouvement des charges électriques présentes dans la matière. Le spectre émis est continu et il est d'autant plus décalé vers les fréquences élevées (c'est-à-dire les grandes énergies) que la température est plus grande.

Si un corps rayonne, il émet donc de l'énergie et sa température doit baisser. Cependant, dans la pratique, un corps n'est jamais isolé. Il est en équilibre avec le milieu qui l'entoure et, par conséquent, il reçoit lui-même de l'énergie et sa température atteint un équilibre (exemple : terre et soleil). Le soleil réchauffe la terre par un rayonnement d'une longueur d'onde ($\gamma$ = 400 nm) et la terre remet un rayonnement de manière à assurer son équilibre à une température de l'ordre de 300 K.

### a.  Notion de corps noir

Le corps noir est défini comme étant une surface idéale qui absorbe tout le rayonnement qu'elle reçoit. Le soleil peut être considéré comme un corps noir dont la température de surface est proche de 5 800 K. Expérimentalement, on observe que les corps les plus absorbants sont aussi les plus thermiquement émissifs. C'est pourquoi, le corps noir est pris comme élément de comparaison et de référence pour le rayonnement des corps quelconque. L'influence du matériau sur l'énergie rayonnée est définie par le coefficient d'émission $\varepsilon$ (égal à 1 pour le corps noir).

### b.  Flux de chaleur échangé par rayonnement, loi de Stéphan Boltzmann

Considérons, dans la figure ci-dessous, un mur de surface S dont les deux faces sont respectivement maintenues aux températures $T_1$ et $T_s$. ($T_1 > T_s$). Ce mur est donc soumis à un phénomène de conduction. On suppose que seule la surface située à droite échange de la chaleur par rayonnement avec le milieu ambiant à la température Ta.

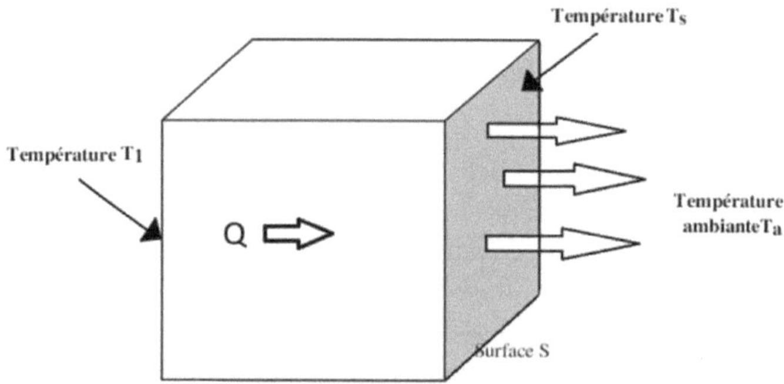


D'après la loi de Stéphan, le flux de chaleur échangé entre la surface S et le milieu ambiant peut s'écrire :

$$Q = \varepsilon.\sigma.S.(T_s^4 - T_a^4) \qquad\qquad (Éq.\ 4)$$

- $\varepsilon$ : coefficient d'émission de la surface ou facteur d'émissivité ($\varepsilon = 1$ pour un corps noir, et $\varepsilon \ll 1$ pour les corps brillants)
- $S$ : surface d'échange ($m^2$)
- $\sigma$ : constante de Stéphan Boltzmann 5.67 10-8 W.m-2.K-4
- $T_s$ : température de surface du corps
- $T_a$ : température ambiante.

L'expression du flux de chaleur échangé par rayonnement est non linéaire, elle fait intervenir la température (en K) à la puissance quatrième. On peut cependant la « linéariser » lorsque la différence de température $T_s - T_a$ reste faible. En effet, on peut écrire le flux de chaleur :

$$Q = \varepsilon.\sigma.S.(T_s^3 + T_s T_a^2 + T_a T_s^2 + T_a^3)(T_s - T_a) \qquad (\text{Éq. 5})$$

En faisant l'approximation $T_s^2 T_a = T_s^3 \, et \, T_a^2 T_s = T_a^3$ et en introduisant la température moyenne $T_m = \frac{T_s - T_a}{2}$ , la relation du flux de chaleur échangé par rayonnement devient similaire à celle d'un flux convectif :

$$Q = h_r.S.(T_s - T_a) \, avec \, h_r = 4.\varepsilon.\sigma.T_m^3 (\text{W}.\text{m}^{-2}.\text{K}^{-1})$$
$$(\text{Éq. 6})$$

Dans le cas d'un transfert de chaleur couplé convection-rayonnement, on peut définir un coefficient d'échange global, $h_g = h_r + h_c$, conduisant à un flux de chaleur global :

$$Q = h_g.S.(T_s - T_a) \qquad (\text{Éq. 7})$$

## 2. Écriture du bilan de chaleur

Le flux de chaleur traversant une surface S s'écrit ainsi :
$$div(Q) = div(-\lambda.S.grad(T)) \qquad (\text{Éq. 8})$$
Dans le cas où S est constante, l'équation devient :
$$div(Q) = -\lambda.S.div(grad(T))$$
$$-\lambda.S.div(grad(T)) = -\lambda.S.\nabla^2 T \qquad (\text{Éq. 9})$$

avec :

$$\nabla^2 T = \frac{\partial^2 T}{\partial x^2} + \frac{\partial^2 T}{\partial y^2} + \frac{\partial^2 T}{\partial z^2} \text{ en coordonnées cartésiennes} \qquad (\text{Éq. 10})$$

$$\nabla^2 T = \frac{1}{r}\frac{\partial}{\partial r}\left(r\,\frac{\partial T}{\partial r}\right) + \frac{1}{r^2}\frac{\partial^2 T}{\partial \theta^2} + \frac{\partial^2 T}{\partial z^2} \quad \text{en coordonnées cylindriques}$$

$$(\acute{E}q.\ 11)$$

$$\nabla^2 T = \frac{1}{r^2}\frac{\partial}{\partial r}\left(r^2\,\frac{\partial T}{\partial r}\right) + \frac{1}{r^2 sin\theta}\frac{\partial}{\partial \theta}\left(sin\theta\,\frac{\partial T}{\partial \theta}\right) + \frac{1}{r^2 sin^2\theta}\frac{\partial^2 T}{\partial \theta^2} \quad \text{en}$$

coordonnées sphériques $\hspace{4cm} (\acute{E}q.\ 12)$

Comme mentionné précédemment, le bilan thermique (comme tout autre bilan) s'écrit :

Flux sortant = Flux entrant + Génération – Accumulation

La génération de chaleur s'écrit sous la forme :

$$Q_{G\acute{e}n\acute{e}r\acute{e}e} = q.V\ (W) \hspace{3cm} (\acute{E}q.\ 13)$$

avec : $\hspace{2cm} q$ : Chaleur générée par unité de volume en $\dfrac{W}{m^3}$

$\hspace{3.5cm} V$ : Volume en $m^3$

L'accumulation de chaleur ou la chaleur stockée s'écrit sous la forme :

$$Q_{Accumul\acute{e}e} = \rho.C_p.V.\frac{\partial T}{\partial t}(W) \hspace{2.5cm} (\acute{E}q.\ 14)$$

avec : $\hspace{2cm} \rho$ : Masse volumique en $Kg/m^3$

$\hspace{3.5cm} C_p$ : Capacité calorifique en $\dfrac{J}{Kg.°C}$

$\hspace{3.5cm} t$ : Temps en (s)

$\hspace{3.5cm} T$ : Température en °C.

> ### ➤ *Équation générale de conduction*

Pour illustrer l'équation générale de chaleur par conduction, il est plus facile de l'expliciter pour une direction dans un premier temps.

Nous généraliserons l'équation pour le cas d'une conduction de chaleur surfacique :

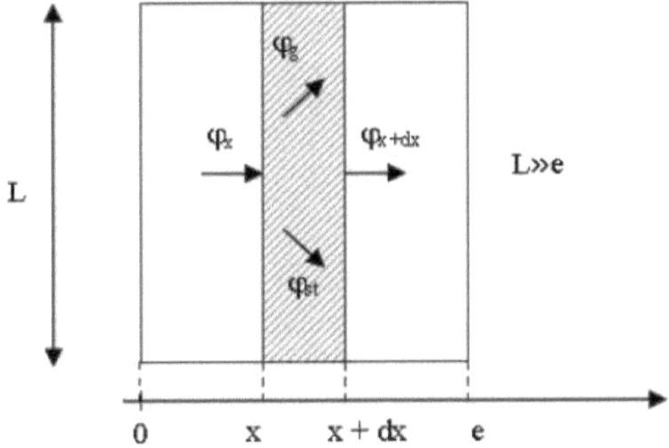


Dans ce cas monodimensionnel, le terme du bilan de chaleur est :

- Flux de chaleur traversant la côte x : $Q_x = -\left(\lambda.S.\dfrac{dT}{dx}\right)_x$

$$(\text{Éq. 15})$$

- Flux de chaleur traversant la côte

$$x + dx : Q_{x+dx} = -\left(\lambda.S.\dfrac{dT}{dx}\right)_{x+dx} \qquad (\text{Éq. 16})$$

- Flux de chaleur stockée ou accumulée :

$$Q_{Acc} = \rho.C_p.V.\dfrac{\partial T}{\partial t} = \rho.C_p.S.dx.\dfrac{\partial T}{\partial t} \qquad (\text{Éq. 17})$$

- Flux de chaleur générée : $Q_{Générée} = q.V = q.S.dx$ $\quad(\text{Éq. 18})$

avec S : surface d'échange en m$^2$.

Le bilan s'écrira donc :

Flux sortant = Flux entrant + Génération – Accumulation

$$\boldsymbol{Q_{x+dx} = Q_x + Q_{Générée} - Q_{Accumulée}}$$

$$-\left(\lambda.S.\dfrac{\partial T}{\partial x}\right)_{x+dx} = -\left(\lambda.S.\dfrac{\partial T}{\partial x}\right)_x + q.S.dx - \rho.C_p.S.dx.\dfrac{\partial T}{\partial t}$$

$$(\text{Éq. 19})$$

L'équation peut donc se présenter sous la forme suivante :

$$\dfrac{\left(\lambda.S.\frac{\partial T}{\partial x}\right)_{x+dx} - \left(\lambda.S.\frac{\partial T}{\partial x}\right)_x}{dx} + q.S = \rho.C_p.S.\dfrac{\partial T}{\partial t} \qquad (\text{Éq. 20})$$

Donc :
$$\frac{\partial}{\partial x}\left(\lambda.S.\frac{\partial T}{\partial x}\right) + q.S = \rho.C_p.S.\frac{\partial T}{\partial t} \qquad (\acute{E}q.\ 21)$$

La surface d'échange étant constante, on aura :
$$\frac{\partial}{\partial x}\left(\lambda.\frac{\partial T}{\partial x}\right) + q = \rho.C_p.\frac{\partial T}{\partial t} \qquad (\acute{E}q.\ 22)$$

Lorsque la conductivité thermique du milieu n'est fonction que de la température, le milieu est dit homogène. Cependant, il est dit isotope lorsque la conductivité thermique est la même dans les trois directions x, y et z.

Lorsque ces deux hypothèses sont prises en compte, on aura l'équation de diffusion locale de chaleur surfacique en coordonnées cartésiennes :
$$\boldsymbol{\lambda}.\boldsymbol{\nabla^2 T} + \frac{d\lambda}{dT}\left(\left(\frac{\partial T}{\partial x}\right)^2 + \left(\frac{\partial T}{\partial y}\right)^2 + \left(\frac{\partial T}{\partial z}\right)^2\right) + \boldsymbol{q} = \boldsymbol{\rho}.\boldsymbol{C_p}.\frac{\partial T}{\partial t} \qquad (\acute{E}q.\ 23)$$

Si la conductivité est considérée fixe et ne varie pas en fonction de T, le second terme de l'équation est nul. Dans ce cas, et en l'absence de génération de chaleur dans le milieu, on aura :
$$a.\nabla^2 T = \frac{\partial T}{\partial t}\ avec \quad a = \frac{\lambda}{\rho.C_p.} \qquad (\acute{E}q.\ 24)$$

Le terme « a » est appelé diffusivité thermique en $\left(\frac{m^2}{s.}\right)$.

Dans ce cas et en l'absence d'accumulation de chaleur (régime permanent), on aura l'équation de Laplace :
$$\nabla^2 T = 0 \qquad (\acute{E}q.\ 25)$$

## 3.  Exemples d'application

### 3.1  *Mur plan multicouches, notion de coefficient global d'échange*

Considérons un mur plan constitué de trois couches de conductivités thermiques respectives $\lambda_1, \lambda_2\ et\ \lambda_3$, les températures aux extrémités des couches sont maintenues à $T_1\ et\ T_4$ et les températures de l'air ambiant du côté de la première et troisième couches sont respectivement $T_0$ et $T_5$.

$e_1, e_2 \, et \, e_3$ sont respectivement les épaisseurs des couches du mur plan. En utilisant la loi de Fourier, et en tenant compte de la continuité du flux de chaleur qui diffuse, à travers la surface d'échange S identique à toutes les couches, on cherchera l'expression du flux de chaleur unidirectionnel en fonction de la surface d'échange, des températures $T_1, T_4$, des épaisseurs et des conductivités thermiques des couches.

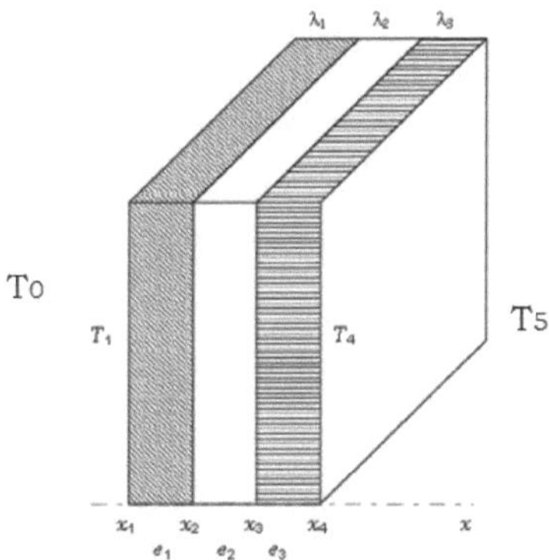


Pour une seule couche, on applique l'équation de chaleur (Fourier) vue précédemment :

$$Q = -\lambda . S . \frac{dT}{dx} \qquad (Éq.\ 26)$$

En tenant compte des hypothèses suivantes :

- Pour une couche donnée, $\lambda$ ne varie pas en fonction de T ni en fonction de x.
- Absence de génération et d'accumulation de chaleur dans les couches.
- Absence de pertes thermiques dans les directions y et z pour toutes les couches et conservation du flux suivant x.

Ces hypothèses nous permettent l'écriture suivante :

$$\int_{T_1}^{T_2} dT = \int_{x_1}^{x_2} -\frac{Q}{\lambda . S} dx$$

$$T_2 - T_1 = -\frac{Q}{\lambda_1 . S}(x_2 - x_1) \quad avec \quad x_2 - x_1 = e_1$$

$$Q = \frac{T_1 - T_2}{\frac{e_1}{\lambda_1.S}} \qquad (Éq.\ 27)$$

Le terme $\frac{e_1}{\lambda_1.S}$ est appelé résistance thermique à la conduction de la première couche.

*Pour les trois couches*

De même, pour la ième couche ($_i$), le flux s'écrit :

$$Q_i = \frac{T_i - T_{i+1}}{\frac{e_i}{\lambda_i.S}} \qquad (Éq.\ 28)$$

Or l'égalité du flux traversant les couches impose que :

$$Q_1 = Q_2 = Q_3 = \cdots = Q_i = Q.$$

Donc : 
$$Q = S \frac{T_1 - T_4}{\frac{e_1}{\lambda_1} + \frac{e_2}{\lambda_2} + \frac{e_3}{\lambda_3}} \qquad (Éq.\ 29)$$

Dans le cas où la convection aux extrémités de la première et la troisième couche est prise en compte, on aura :

$$Q = S.h_1.(T_1 - T_0) = S \frac{T_1 - T_4}{\frac{e_1}{\lambda_1} + \frac{e_2}{\lambda_2} + \frac{e_3}{\lambda_3}} = S.h_2.(T_4 - T_5) \quad (Éq.\ 30)$$

$h_1$ et $h_2$ sont respectivement les coefficients de convection de l'air ambiant du côté de la première et de la troisième couche.

L'expression globale du flux devient :

$$Q = S \frac{T_0 - T_5}{\frac{1}{h_1} + \frac{e_1}{\lambda_1} + \frac{e_2}{\lambda_2} + \frac{e_3}{\lambda_3} + \frac{1}{h_2}} \qquad (Éq.\ 31)$$

Les termes $\frac{1}{S.h_1}$ et $\frac{1}{S.h_2}$ sont appelés résistances à la convection d'air de la première et de la troisième couche. On obtient ainsi le schéma suivant :

$T_0$    $T_1$    $T_2$    $T_3$    $T_4$    $T_5$

$\frac{1}{h_1 S}$    $\frac{e_1}{\lambda_1 S}$    $\frac{e_2}{\lambda_2 S}$    $\frac{e_3}{\lambda_3 S}$    $\frac{1}{h_2 S}$

Le flux de chaleur peut être aussi exprimé en fonction du coefficient global de transfert noté $U\left(\frac{W}{m^2.°C}\right)$ :

$$Q = \frac{T_0 - T_5}{\frac{1}{h_1 S} + \frac{e_1}{\lambda_1 S} + \frac{e_2}{\lambda_2 S} + \frac{e_3}{\lambda_3 S} + \frac{1}{h_2 S}} = U.S.(T_0 - T_5) \qquad (Éq.\ 32)$$

avec :
$$U.S = \frac{1}{\frac{1}{h_1 S} + \frac{e_1}{\lambda_1 S} + \frac{e_2}{\lambda_2 S} + \frac{e_3}{\lambda_3 S} + \frac{1}{h_2 S}} \qquad (Éq.\ 33)$$

Dans cette équation, la surface d'échange ne se permet d'être simplifiée que lorsqu'elle est identique à l'ensemble du problème. Or, dans la majorité des problèmes d'échangeurs, parmi plusieurs surfaces d'échange possible, il sera question d'en choisir une et de réaliser les calculs en se référant à cette même surface. Cependant, le coefficient de transfert global sera toujours associé à la surface d'échange choisi.

### 3.2 Conduite cylindrique recouverte d'un revêtement (diffusion radiale)

Soit le cylindre multicouche de la figure ci-dessous, siège d'écoulement d'un fluide chaud de température $T_0$ au niveau de la surface interne de rayon $r_1$, le coefficient de transfert par convection au contact fluide-paroi interne est $h_1$. La diffusion de chaleur se fait radialement du centre vers l'extérieur via les couches du cylindre définies par les rayons $r_2$ et $r_3$, traversant ainsi la paroi solide de résistance $R_{cyl}$ et un revêtement de résistance $R_{rev}$. À l'extérieur du cylindre, circule de l'air frais à une température T4, le coefficient de convection au contact air-revêtement est $h_2$. L étant la longueur du cylindre, $\lambda_{cyl}$ et $\lambda_{rev}$ sont respectivement les conductivités thermiques du solide et du revêtement.

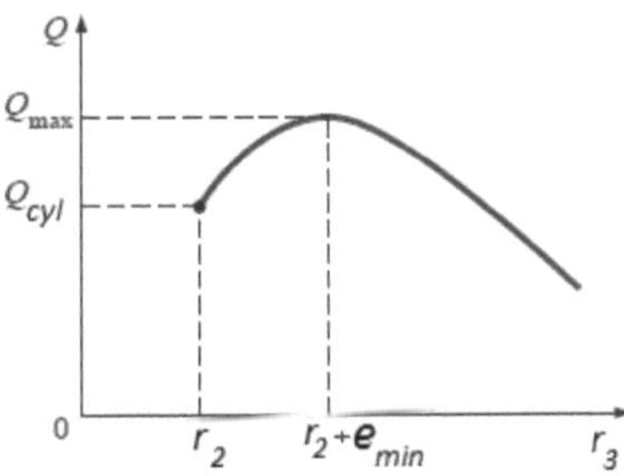


Pour ce cas, on propose dans un premier temps de trouver l'expression du flux de chaleur traversant les couches du cylindre. Ensuite, l'objectif sera de trouver l'intervalle de l'épaisseur du revêtement, ce qui permettra le choix d'une valeur optimale de ce dernier. Cette valeur devra assurer la bonne isolation thermique au niveau de la conduite (minimum de déperdition thermique) avec un coût d'installation minimal.

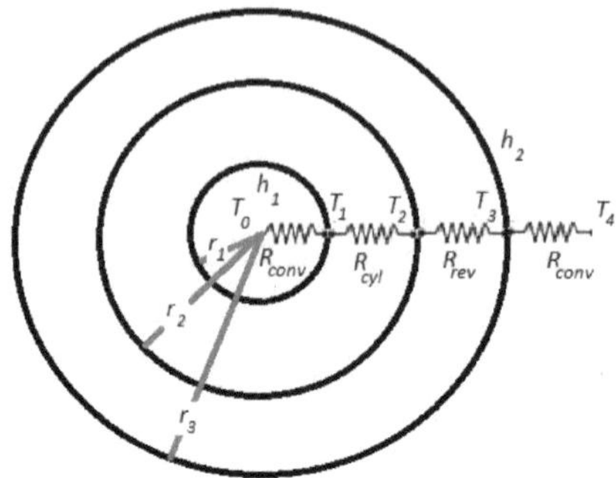


*Considérations* :   • Diffusion de chaleur en régime permanent unidirectionnel suivant r.

  • Conductivités constantes et absence de génération et d'accumulation de chaleur.

L'expression du flux de chaleur par conduction au niveau d'un solide est :

$$Q = -\lambda.S.\frac{dT}{dr} \qquad\qquad (\text{Éq. 34})$$

Pour la couche solide du cylindre délimitée par $(r_2 - r_1)$, on aura :

$$\int_{r_1}^{r_2} Q\,\frac{dr}{2.\pi.r.L} = -\lambda_{cyl}\int_{T_1}^{T_2} dT \qquad\qquad (\text{Éq. 35})$$

Après intégration, on aura :

$$Q = \frac{T_1 - T_2}{\frac{Ln(r_2/r_1)}{2.\pi.L.\lambda_{cyl}}} \qquad\qquad (\text{Éq. 36})$$

$\dfrac{Ln(r_2/r_1)}{2.\pi.L.\lambda_{cyl}} = R_{cyl}$ est la résistance à la conduction de la couche solide du cylindre.

$$(\text{Éq. 37})$$

Pour la couche du revêtement délimitée par $(r_3 - r_2)$, on aura de même :

$$Q = \frac{T_2 - T_3}{\frac{Ln(r_3/r_2)}{2.\pi.L.\lambda_{rev}}} \qquad\qquad (\text{Éq. 38})$$

La résistance à la conduction du revêtement est :

$$\frac{Ln(r_3/r_2)}{2.\pi.L.\lambda_{rev}} = R_{rev} \qquad\qquad (\text{Éq. 39})$$

L'expression globale du flux sera donc :

$$Q = \frac{T_0 - T_4}{\frac{1}{h_1.2.\pi.r_1.L} + \frac{Ln(r_2/r_1)}{2.\pi.L.\lambda_{cyl}} + \frac{Ln(r_3/r_2)}{2.\pi.L.\lambda_{rev}} + \frac{1}{h_2.2.\pi.r_3.L}} \qquad\qquad (\text{Éq. 40})$$

Ou aussi :
$$Q = (U.S).(T_1 - T_4) \qquad (\acute{E}q.\ 41)$$

(avec U : coefficient global de transfert)

avec :

$$\frac{1}{(U.S)} = \frac{1}{h_1.2.\pi.r_1.L} + \frac{Ln(r_2/r_1)}{2.\pi.L.\lambda_{cyl}} + \frac{Ln(r_3/r_2)}{2.\pi.L.\lambda_{rev}} + \frac{1}{h_2.2.\pi.r_3.L} \qquad (\acute{E}q.\ 42)$$

Ou aussi :

$$U.S = \cfrac{1}{\cfrac{1}{h_1.\,2.\,\pi.\,r_1.\,L} + \cfrac{Ln(r_2/r_1)}{2.\,\pi.\,L.\,\lambda_{cyl}} + \cfrac{Ln(r_3/r_2)}{2.\,\pi.\,L.\,\lambda_{rev}} + \cfrac{1}{h_2.\,2.\,\pi.\,r_3.\,L}}$$

Une écriture de l'équation 42 en fonction des surfaces donne :

$$U.S$$

$$= \cfrac{1}{\cfrac{1}{h_1.S_1} + \cfrac{Ln(S_2/S_1)*e_1}{2.\,\pi.\,L.\,\lambda_{cyl}*(r_2-r_1)} + \cfrac{Ln(S_3/S_2)*e_2}{2.\,\pi.\,L.\,\lambda_{rev}*(r_3-r_2)} + \cfrac{1}{h_2.S_3}}$$

$$= \cfrac{1}{\cfrac{1}{h_1.S_1} + \cfrac{Ln(S_2/S_1)*e_1}{\lambda_{cyl}*(S_2-S_1)} + \cfrac{Ln(S_3/S_2)*e_2}{\lambda_{rev}*(S_3-S_2)} + \cfrac{1}{h_2.S_3}}$$

avec : $e_i = r_{i+1} - r_i$

Ou aussi :
$$U.S = \cfrac{1}{\cfrac{1}{h_1.S_1} + \cfrac{e_1}{\bar{S}_{1,2}*\lambda_{cyl}} + \cfrac{e_2}{\bar{S}_{2,3}*\lambda_{rev}} + \cfrac{1}{h_2.S_3}}$$

avec :
$$\bar{S}_{i,j} = \frac{r_i - r_j}{Ln\left(\frac{S_i}{S_j}\right)} = \frac{r_j - r_i}{Ln\left(\frac{S_j}{S_i}\right)}$$

En choisissant comme surface d'échange la surface externe $S_0 = 2.\pi.r_3.L = S_3$ le coefficient d'échange global sera donc :

$$U_0 = \cfrac{1}{\cfrac{S_0}{h_1.S_1} + \cfrac{S_0*e_1}{\bar{S}_{1,2}*\lambda_{cyl}} + \cfrac{S_0*e_2}{\bar{S}_{2,3}*\lambda_{rev}} + \cfrac{S_0}{h_2.S_0}}$$

*NB : Cette expression du coefficient global est utilisée pour le design des échangeurs à faisceaux et calandre.*

L'épaisseur minimale $e_{min}$ du revêtement assurant le maximum de déperdition thermique est obtenue pour une valeur maximale du flux dans la zone $(r_3 - r_2)$.

En effet, le revêtement ne sera opérationnel pour stopper la chaleur évacuée que si la valeur de son épaisseur dépasse le seuil minimal $e_{min}$. Au-delà de cette valeur, la déperdition thermique diminue au fur et à mesure que l'épaisseur grandit jusqu'à sa valeur limite (on ne peut plus stopper la fraction de chaleur perdue). Après cette valeur, l'augmentation de l'épaisseur ne conduit qu'à l'augmentation des coûts d'installation sans effet remarquable sur l'isolation thermique.

On dérive donc le flux par rapport à l'épaisseur, et l'on cherche la valeur de $e_{min}$ pour une valeur maximale du flux (dérivée nulle).

*Expression de dérivée du flux :*

$$\frac{dQ}{de} = \left[\frac{T_1 - T_4}{\frac{1}{h_1.2.\pi.r_1.L} + \frac{Ln(r_2/r_1)}{2.\pi.L.\lambda_{cyl}} + \frac{Ln((r_2+e)/r_2)}{2.\pi.L.\lambda_{rev}} + \frac{1}{h_2.2.\pi.L.(r_2+e)}}\right]' \qquad (\acute{E}q.\ 43)$$

avec : $e = r_3 - r_2$

La dérivée sera traitée en appliquant :

$$\left(\frac{1}{f(x)}\right)' = -\frac{f(x)'}{[f(x)]^2} \qquad (\acute{E}q.\ 44)$$

On aura donc :

$$\frac{dQ}{de} = \frac{-2.\pi.L.(T_1 - T_4)}{\left[\frac{1}{h_1.r_1} + \frac{Ln(r_2/r_1)}{\lambda_{cyl}} + \frac{Ln((r_2+e)/r_2)}{\lambda_{rev}} + \frac{1}{h_2.(r_2+e)}\right]^2} \left[\frac{1}{\lambda_{rev}.(r_2+e)} - \frac{1}{h_2.(r_2+e)^2}\right]$$

$$\frac{dQ}{de} = \frac{-2.\pi.L.(T_1 - T_4)}{\left[\frac{1}{h_1.r_1} + \frac{Ln(r_2/r_1)}{\lambda_{cyl}} + \frac{Ln((r_2+e)/r_2)}{\lambda_{rev}} + \frac{1}{h_2.(r_2+e)}\right]^2} \left[\frac{h_2.(r_2+e) - \lambda_{rev}}{\lambda_{rev}.h_2.(r_2+e)^2}\right] \quad (\acute{E}q.\ 45)$$

La dérivée du flux sera nulle lorsque :

$$h_2.(r_2 + e_{min}) - \lambda_{rev} = 0 \qquad (\acute{E}q.\ 46)$$

Donc :

$$e_{min} = \frac{\lambda_{rev}}{h_2} - r_2 \qquad (\acute{E}q.\ 47)$$

Pour des valeurs de $e > e_{min}$, la dérivée est négative, le flux de chaleur évacuée diminue en fonction de l'épaisseur d'isolation.

Pour des valeurs de $e < e_{min}$, le flux de chaleur perdu augmente en fonction de l'épaisseur. Dans ce cas, les pertes thermiques sont plus importantes en présence d'un isolant. Cependant, un isolant d'épaisseur $e < e_{min}$ est non seulement inutile pour stopper la chaleur, mais il jouera le rôle inverse en favorisant l'évacuation de chaleur.

### 3.3   Application au dimensionnement d'une conduite de pompage de soufre

Dans ce problème, il est question de dimensionner un pipeline de transport de soufre liquide sous forme d'un échangeur tubulaire mono passe (pipe). Le cas de figure pris en compte pour illustrer cet exemple est celui de l'installation de pompage et calorifugeage de soufre installée à l'OCP de la ville de Jorf au Maroc.

Pour des raisons de sécurité, le soufre liquide issu des fondoirs (fusion) se trouvant au niveau du port de Jorf est pompé vers les unités sulfuriques éloignées de 2 km. Dans le but d'optimiser les coûts de pompage et de faciliter son écoulement dans la conduite, il est impératif de garder le soufre liquide à une température qui avoisine les 145°C et lui confère une viscosité minimale.

Pour le garder à la température de consigne, un contre-courant de vapeur est utilisé dans une double enveloppe entourant la conduite du soufre liquide. L'échange sera donc dans le sens interne (vers le soufre) et aussi vers l'extérieur en raison du gradient de température imposé par l'air ambiant. Pour minimiser la déperdition thermique externe, une (triple) enveloppe supplémentaire est installée entre la vapeur et l'air ambiant, constitué de l'isolant laine de verre. La vapeur moyenne pression utilisée est considéré comme efficace pour réaliser l'échange souhaité ; cependant, sa condensation sur les parois provoque la formation du film liquide s'opposant au transfert. Ce dernier devrait ainsi être pris en compte dans la quantification des flux de chaleurs échangées.

La question posée dans ce problème est liée essentiellement aux dimensions optimales des doubles enveloppes entourant la conduite du soufre liquide. Il nous sera donc demandé de déterminer les épaisseurs optimales de la zone d'écoulement de vapeur et celui de la laine de verre. Cette dernière étant dépendante du coût de l'installation étant donné le prix élevé de l'isolant, on se doit ainsi de coupler aux équations de flux, une analyse des coûts pour déterminer les paramètres recherchés.

## Données du problème

*Pipe :*

Longueur de conduite (L) : 2 000 m

Diamètre de la conduite soufre (d) : 0,02 m

Coefficient de convection naturelle externe $h_e$ : 125 W/m².°C

Conductivité thermique de l'acier inox de pipe ($K_m$) : 45,36 W/m.°C

Épaisseurs des parois métalliques :

- ➢  Conduite de soufre : 2 mm
- ➢  Enveloppe vapeur : 1 mm
- ➢  Enveloppe laine de verre : 0,25 mm

Prix de l'acier inox utilisé : 1 000 DH/T

Densité de l'acier inox utilisé : 8,01

*Soufre :*

Température de soufre (T) : 145°C

Débit de soufre (m') : 200 tonne/jour

Densité soufre à 150°C : 1700

Vitesse soufre (v) : 3 m/s

Coefficient de convection interne de soufre $h_i$ : 1 500 W/m².°C

*Vapeur :*

Température de vapeur $T_v$ : 150°C

Coefficient de transfert en condensation de la vapeur $h_c$ : 10 W/m².°C

Prix de la vapeur ($\$_v$) : 1 DH/KWh

Vitesse de vapeur : 0,5 m/s

*Isolant :*

Prix de la laine de verre ($\$_L$) : 500 DH/T

Masse volumique de la laine de verre : 180 kg/m³

Conductivité thermique de la laine de verre ($K_L$) : 0,05 W/m.°C

*Indications :*

1- Déterminer le coefficient global et écrire l'expression de flux de chaleur échangé entre vapeur et soufre en l'absence de calorifuge : cela permet de calculer l'épaisseur minimale (absence de pertes) à adopter au niveau de la zone vapeur (situation plus économique). L'épaisseur se calcule en réalisant l'égalité des flux de condensation et celui basé sur le coefficient global.

2- Une fois déterminée l'épaisseur de la zone vapeur, intégrer l'expression du flux externe avec la seconde variable à déterminer (épaisseur de l'isolant). Dans ce cas, une variation de cette épaisseur permet de constater son influence sur les pertes thermiques et sur le coût de l'installation.

**Solution**

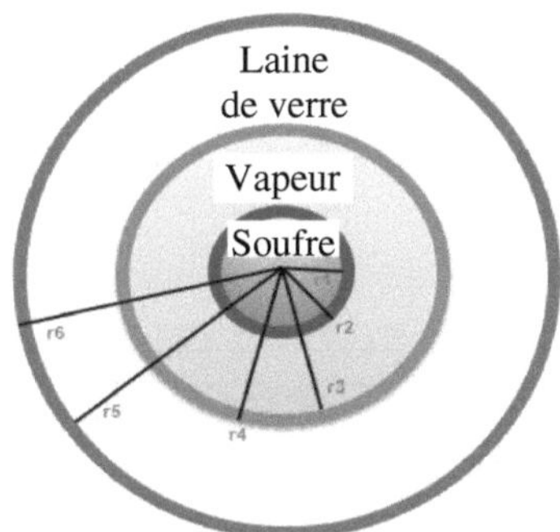


> ➤ *1- Détermination du coefficient global de transfert*

Les modes de transferts qui sont présents sont : la conduction et la convection. Donc la résistance thermique équivalente :

$$R_{eq} = \frac{\ln(\frac{r_2}{r_1})}{2\pi K_m L} + \frac{1}{2\pi L h_c r_3} + \frac{1}{2\pi L h_i r_1}$$

L'expression du flux de chaleur entre le soufre et la vapeur en l'absence du calorifugeage s'écrit comme suit :  $\phi = \dfrac{T_v - T_{air}}{R_{eq}}$

D'où :
$$\phi = \frac{T_s - T_v}{\dfrac{\ln(\dfrac{r_2}{r_1})}{2\pi K_m L} + \dfrac{1}{2\pi L h_v r_3} + \dfrac{1}{2\pi L h_i r_1}}$$

Pour trouver l'expression de l'épaisseur minimale, on doit passer par l'égalité de flux de condensation et le flux de chaleur. Tout d'abord, le flux de condensation est : $\phi_c = \dot{m} \times L_c$.

Et l'on a :   $r_2 = r_1 + e_s$      $r_3 = r_2 + e_1$

$\longrightarrow$      $r_{3,\min} = r_2 + e_{\min}$

L'égalité de flux nous donne :

$$\phi = \phi_c = \dot{m} \times L_c = \frac{T_v - T_s}{\dfrac{\ln(\dfrac{r_2}{r_1})}{2\pi K_m L} + \dfrac{1}{2\pi L h_c r_3} + \dfrac{1}{2\pi L h_i r_1}}$$

$$\longrightarrow \quad \frac{\ln(\dfrac{r_2}{r_1})}{2\pi K_m L} + \frac{1}{2\pi L h_c r_3} + \frac{1}{2\pi L h_i r_1} = \frac{T_s - T_v}{\dot{m} \times L_c}$$

$$\longrightarrow \quad \frac{\ln(\dfrac{r_1 + e_s}{r_1})}{2\pi K_m L} + \frac{1}{2\pi L h_v (r_2 + e_{\min})} + \frac{1}{2\pi L h_i r_1} = \frac{T_s - T_v}{\dot{m} \times L_c}$$

Or :

$$\dot{m} = v \times s = v\pi(r_3^2 - r_2^2) = v\pi((r_2 + e_{\min})^2 - r_2^2) = v\pi(2 r_2 e_{\min} + e_{\min}^2)$$

Alors :

$$\frac{1}{2\pi L h_v (r_2 + e_{\min})} = \frac{T_v - T_s}{v\pi(2r_2 e_{\min} + e_{\min}^2)\times L_c} - \left[\frac{\ln(\frac{r_1 + e_s}{r_1})}{2\pi K_m L} + \frac{1}{2\pi L h_i r_1}\right]$$

A.N. :

$$\frac{7,96178*10^{-6}}{0,012 + e_{\min}} = \frac{2,51319*10^{-7}}{(0,024 e_{\min} + e_{\min}^2)} - 6,3441*10^{-6}$$

On résout l'équation ci-dessus à l'aide du logiciel Matlab, en utilisant la fonction SOLVE. On trouve donc l'épaisseur minimale à adopter au niveau de la zone vapeur : $\boxed{e_{\min} = 0,0228 \text{ mm}}$

> ### 2- *Épaisseur optimale de l'isolant*

L'expression du flux externe est donnée par la formule suivante :

$$\phi = \frac{T_s - T_a}{R_1 + R_2 + R_3 + R_4 + R_5 + R_6 + R_7}$$

$\longrightarrow$

$$\phi = \frac{T_s - T_a}{\frac{1}{2\pi L h_i r_1} + \frac{\ln(\frac{r_2}{r_1})}{2\pi K_m L} + \frac{1}{2\pi L h_c r_3} + \frac{\ln(\frac{r_4}{r_3})}{2\pi K_m L} + \frac{\ln(\frac{r_5}{r_4})}{2\pi K_L L} + \frac{\ln(\frac{r_6}{r_5})}{2\pi K_m L} + \frac{1}{2\pi L h_e r_6}}$$

avec :  $r_5 = r_4 + e_2$      $e_2$ l'épaisseur de la laine de verre

D'autre part, le prix de notre isolant est : $\text{Prix (\$)} = \frac{\text{prix}}{\text{T}}*L*S*\rho$

$$\text{Prix} = 0,5*2000*3,14*180*(2r_4 e_2 + e_2^2)$$

Sur Excel, on donne plusieurs valeurs de e2, on obtient le tableau sur l'annexe. Pour déterminer l'épaisseur optimale , on trace les deux courbes :

$$Q_{ext} = f(e_2) \quad et \quad prix\ de\ l'isolant = f(e_2)$$

On obtient alors la courbe suivante :

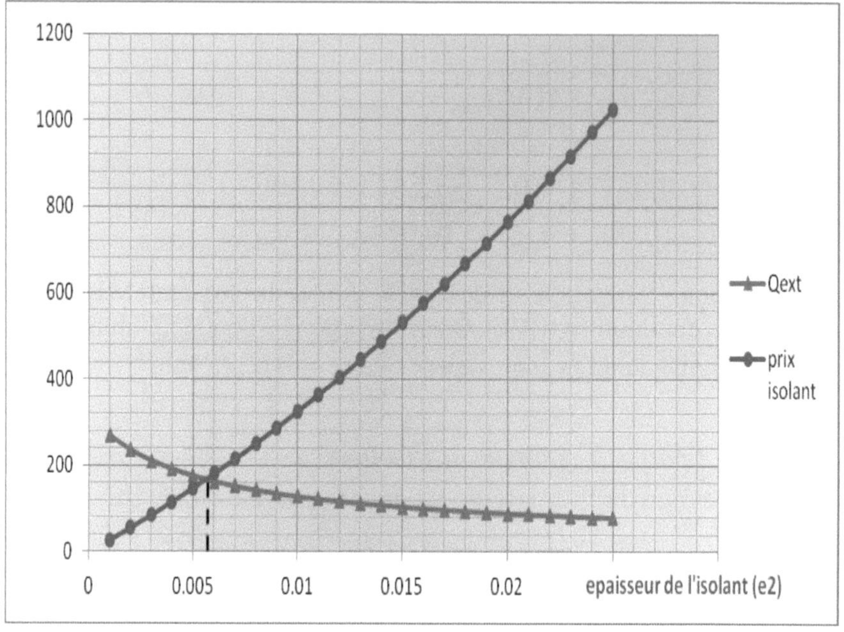


Donc l'épaisseur optimale obtenue est :  $\boxed{e2 = 0,0057 \text{ m} = 5,7 \text{ mm}}$

# Échangeurs de chaleur

Les courants de matières premières qui alimentent une unité de production chimique sont rarement disponibles exactement dans l'état thermodynamique nécessaire. Les conditions dans lesquelles un courant sort d'un appareil, quel qu'il soit, correspondent rarement à celles souhaitées pour entrer dans l'appareil suivant. Enfin, les courants de produits finis ne quittent pratiquement jamais le dernier appareil de l'unité dans un état convenable pour leur stockage. Voilà pourquoi les ateliers de production chimique comprennent toujours un grand nombre d'appareils qui permettent d'ajuster l'état thermodynamique des pompes ou des compresseurs pour changer la pression, des échangeurs de chaleur pour modifier la température, des évaporateurs et des condenseurs pour changer l'état physique du courant. Ce transfert de chaleur entre un fluide chaud et un fluide froid (qui ne doivent pas être mis en contact) est généralement effectué dans des appareils où les deux fluides circulent de part et d'autre des parois solides. Ces appareils sont appelés échangeurs de chaleur.

Les échangeurs de chaleur facilitent l'échange de chaleur entre deux fluides avec des températures différentes, tout en empêchant leur mélange. Les échangeurs de chaleur ont un champ d'utilisation très vaste : ils sont appliqués dans plusieurs secteurs d'activités industrielles tels que la production d'énergie dans les grandes usines, les industries chimiques, la climatisation, …

Les échangeurs de chaleur permettent l'échange de chaleur sans mélange de fluide ni transfert de matière. Dans un radiateur de voiture, par exemple, la chaleur est transférée depuis l'eau chaude circulant dans les tubes du radiateur vers l'air circulant à travers les plaques minces attachées aux tubes rapprochés (les ailettes).

Le transfert de chaleur dans un échangeur de chaleur implique l'effet de la convection dans chaque fluide et la conduction à travers la paroi séparant les deux fluides. Cependant, dans l'analyse des échangeurs de chaleur, il est commode de travailler avec un coefficient de transfert thermique global U qui représente la contribution de tous ces effets limitants (convection et conduction) sur le transfert de chaleur. Dans une zone de l'échangeur, la chaleur échangée dépend du gradient de température entre les deux fluides. Ce dernier étant variable le long de l'appareil, il est généralement plus commode de travailler avec la différence de température logarithmique moyenne (DTLM) équivalente entre les deux fluides pour l'ensemble de l'appareil, couvrant ainsi le long de l'échangeur de chaleur. Dans certains cas, les températures d'entrée et de sortie des fluides en question ne sont pas toutes connues, limitant ainsi le calcul de DTLM. Il est donc préférable d'opter pour la seconde méthode de calcul des échangeurs dite méthode d'efficacité-NUT.

## 1. Types des échangeurs de chaleur

### a. Principe de fonctionnement

Le principe général d'un échangeur de chaleur consiste à faire circuler deux fluides à travers des conduits qui les mettent en contact thermique. De manière générale, les deux fluides sont mis en contact thermique à travers une paroi le plus souvent métallique, ce qui favorise les échanges de chaleur. On a en général un fluide chaud qui cède de la chaleur à un fluide froid.

Les deux fluides échangent de la chaleur à travers la paroi, d'où le nom de l'appareil. Le problème majeur consiste à définir une surface d'échange suffisante entre les deux fluides pour transférer la quantité de chaleur nécessaire dans une configuration donnée. On vient de le dire, la quantité de chaleur transférée dépend de la surface d'échange entre les deux fluides, mais aussi de nombreux autres paramètres ; ce qui rend une étude précise de ces appareils assez complexe.

Les flux de chaleurs transférées vont aussi dépendre :

- des températures d'entrée,
- des caractéristiques thermiques des fluides (chaleurs spécifiques, conductivité thermique),
- des coefficients d'échange par convection.

### b. Configurations

Il existe plusieurs configurations industrielles des échangeurs de chaleur. Néanmoins, on peut distinguer deux grandes familles : les échangeurs tubulaires et les échangeurs à plaques.

Un échangeur de chaleur peut être constitué :

- de deux tubes coaxiaux : l'un des fluides circulant dans le tube central et l'autre dans l'espace annulaire entre les deux tubes, ceci pour une petite surface d'échange,
- d'un faisceau de tubes parallèles contenus dans une enveloppe, l'un des fluides circulant dans les tubes et l'autre dans l'espace enveloppe,
- de systèmes plus complexes permettant une compacité élevée comme dans les échangeurs à plaques,
- d'autres géométries pour l'utilisation dans des industries différentes ou dans des conditions de températures particulières.

Les méthodes de calcul abordées ici auront pour objectif de déterminer le meilleur appareil ou les meilleures conditions de fonctionnement en termes de performance, de coût et de sécurité.

## 1.1 *Échangeurs tubulaires et multitubulaires*

Ils représentent la majorité des échangeurs utilisés dans les industries chimiques et pétrolières. Dans leur plus simple configuration, ils sont constitués de deux tubes concentriques raccordés à leurs extrémités par des coudes. Cependant, pour les cas courants, ils sont faits de plusieurs tubes empilés sous forme d'un faisceau, d'où l'appellation échangeurs à faisceaux tubulaires ou d'échangeurs à faisceaux et calandres.

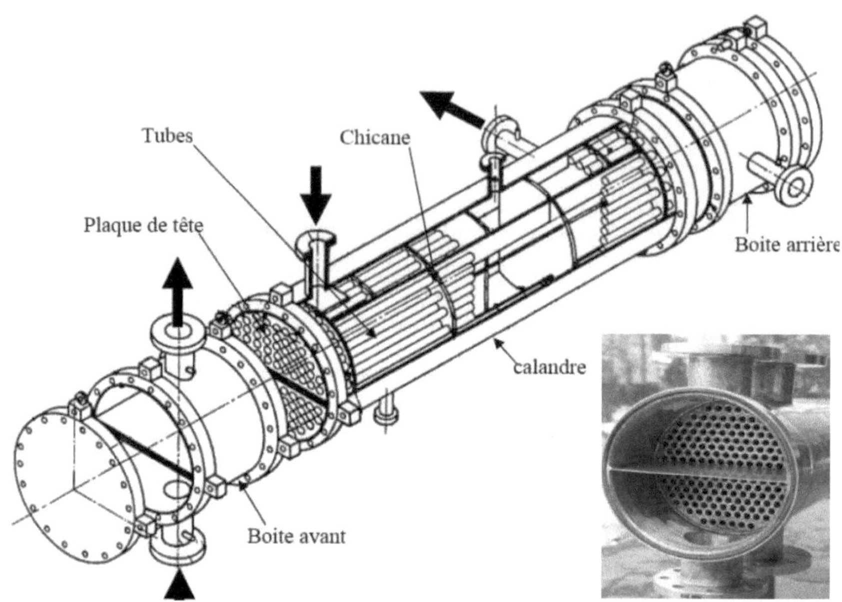


**Schéma d'un échangeur à faisceaux et calandres 1-2 type AEL**

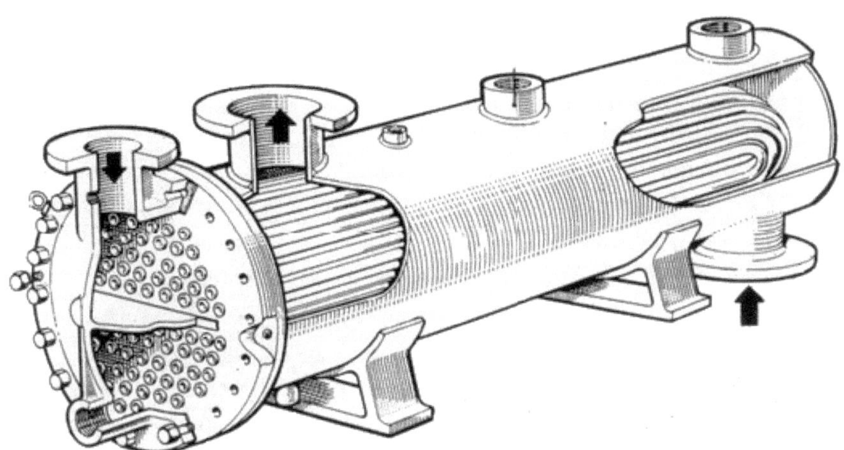

**Échangeur à faisceaux et calandre (multitubulaire) type 1 passe côté calandre, 2 passes côté tubes (1-2 à faisceau en U)**

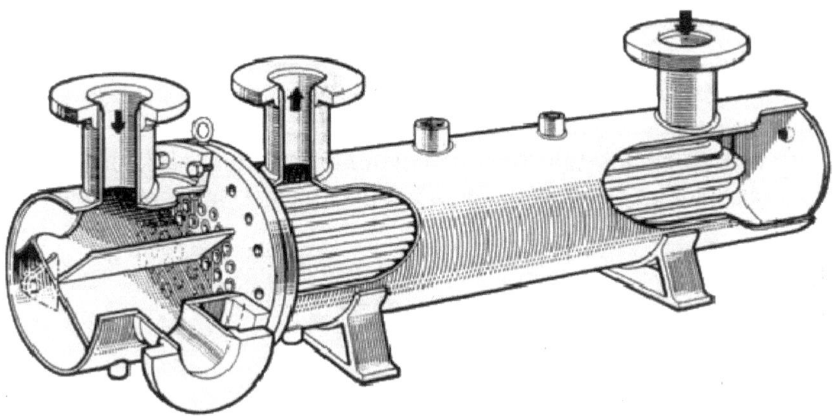

**Échangeur à faisceaux et calandre (multitubulaire) : type 1 passe côté calandre, 4 passes côté tubes (1-4 à faisceau en U)**

Les divers éléments sont tous assemblés par des raccords à démontage rapide, et un remplacement des tubes est possible. Les problèmes de dilatation thermique et d'étanchéité entre le tube intérieur et le tube extérieur sont résolus par l'utilisation de presse étoupe ou de joint torique. Les tubes sont généralement en acier et les longueurs courantes sont de 3,6 - 4,5 ou 6 m. On utilise quelquefois des tubes en verre et en graphite.

Ces appareils présentent des avantages spécifiques :

- Facilités de démontage et d'entretien.
- Possibilité de fonctionner à contre-courant pur, ce qui permet d'obtenir de bons rendements.
- Convenance aux produits impropres, agressifs ou incrustants.
- Fonctionnement à des températures et à des pressions élevées.

Par contre, ils présentent les inconvénients suivants :

- Risque de fuites aux raccords.
- Flexion du tube intérieur si la longueur est importante.
- Comparativement aux autres types d'échangeurs, surface d'échange faible par rapport au volume global de l'appareil en raison du rayon minimal des coudes reliant les longueurs droites des tubes.

## *1.2   Échangeurs à plaques*

En règle générale, les échangeurs à plaques sont constitués par un empilement de plaques écartées les unes des autres par des entretoises pour former un ensemble de conduits plats. Un fluide circule dans les conduits pairs, l'autre dans les conduits impairs selon le schéma ci-dessous :

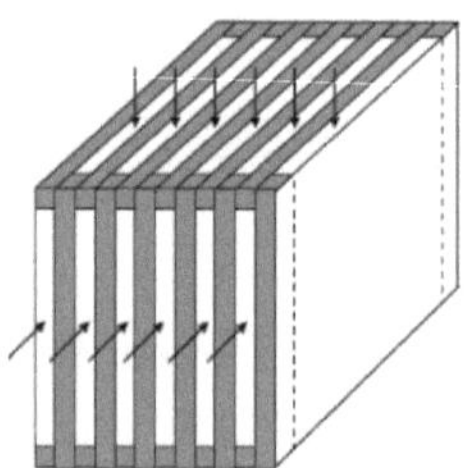

On peut distinguer principalement **deux types d'échangeurs à plaques** : ceux à plaques et joints et ceux à plaques brasées (ou cassettes).

### *a.   Échangeurs à plaques et joints*

Ils sont constitués d'un grand nombre de plaques de métal minces, particulièrement conçues pour transférer la chaleur d'un liquide à un autre. Ces plaques de métal minces sont séparées et étanchées par un jeu des joints en caoutchouc qui fournit la distribution désirable des liquides sur le paquet de plaques. Le paquet de plaques est installé dans un encadrement, qui fournit les raccordements pour les liquides et la compression appropriée des plaques et qui se fait au moyen d'un jeu de tirants.

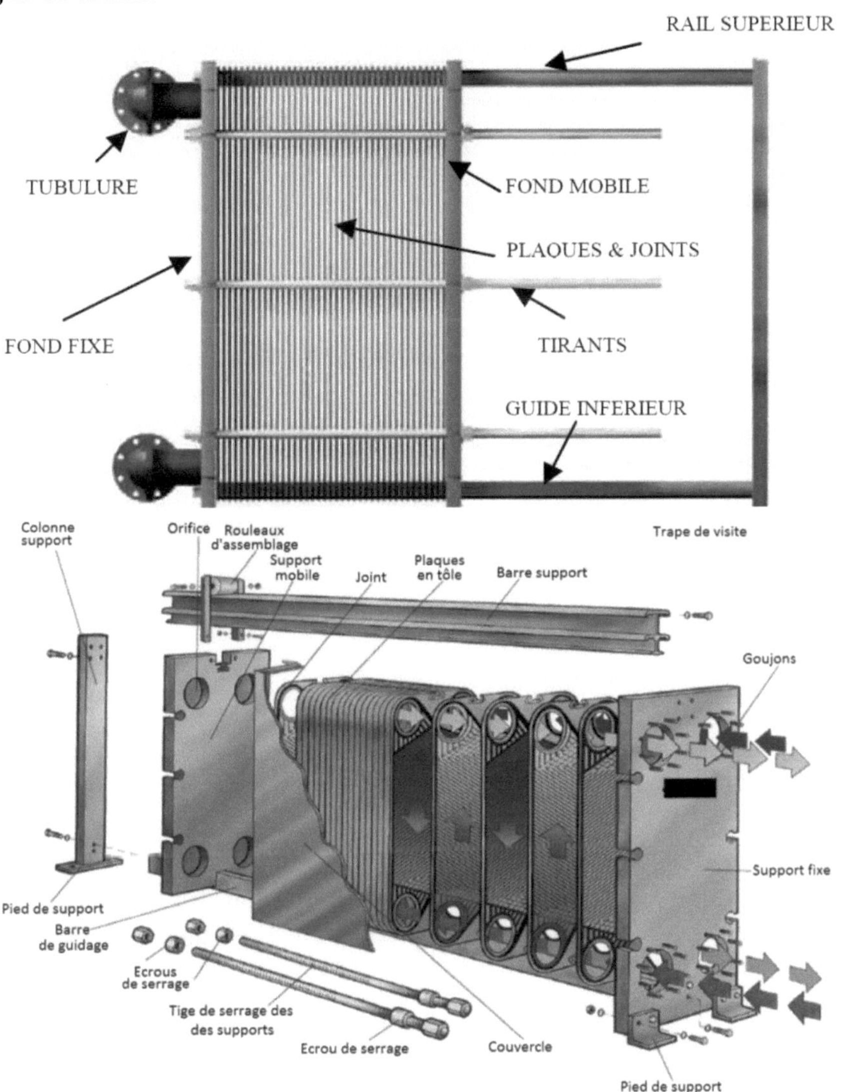

L'assemblage des blocs de l'appareil permet d'obtenir le compromis recherché entre un bon coefficient de transfert et une perte de charge admissible. Les plaques ont des formes variées et dépendent du constructeur de l'appareil, ces formes sont gravées en relief (3D, sous forme d'ailettes) : elles ont pour rôle d'assurer la distribution du liquide et d'augmenter la turbulence ainsi que la surface d'échange (par conséquent, augmenter le coefficient d'échange).

Les principales limitations des échangeurs à plaques sont liées aux :

- limitations de pression,
- limitations de températures à cause des joints,
- prix au m² relativement élevé par rapport aux échangeurs tubulaires.

### b.  Échangeurs à plaques soudées ou cassettes

Contrairement aux échangeurs à plaques et joints, ces appareils ne possèdent ni bâti, ni tirant, les plaques étant assemblées entre elles par des brasures en inox. Les fluides circulent à contre-courant et le transfert thermique se fait par conduction au travers des plaques. Généralement, toute la matière de l'échangeur à plaques brasées participe à l'échange de chaleur, ce qui en fait une technologie très compacte et très simple à

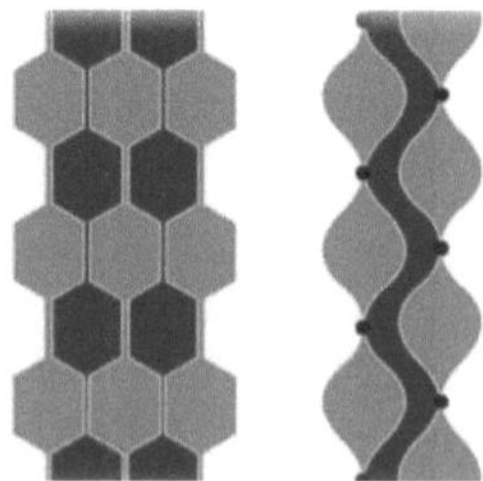

installer. Ces échangeurs sont utilisés lorsqu'un haut coefficient d'échange est recherché en priorité (fluides propres, ne provoquant pas de problèmes d'encrassements). Exemples : eau déminéralisée, ammoniaque, industrie pharmaceutique et chimique fine (où une grande résistance à la corrosion est demandée), industrie alimentaire.

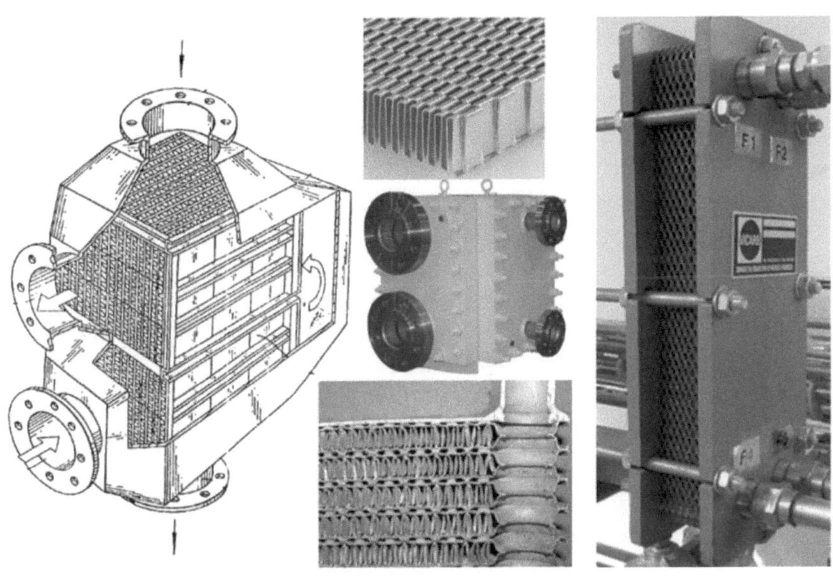

*NB : Lorsque la taille des échangeurs à plaques brassées est relativement réduite, il est plus rentable économiquement d'opter pour un échangeur à plaques dit tout soudé (photo ci-dessous).*

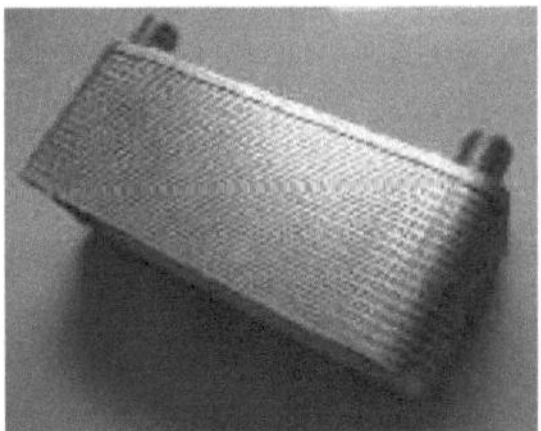

Cet échangeur est identique à celui à plaques brassées. Néanmoins, il est plus compact et ne nécessite pas d'intervention pour désencrassement, il est donc totalement changé lors de sa contamination.

### 1.3  Autres types d'échangeurs

Il existe d'autres types d'échangeurs correspondant souvent à des conditions particulières de fonctionnement. Citons dans ce cadre, à titre d'exemple :

#### a.  Échangeurs de chaleur spiralés

Ils présentent des caractéristiques d'échange thermique et de gestion des fluides idéales pour un large éventail d'applications industrielles dites « difficiles ». Ces échangeurs de chaleurs sont adaptés aux produits visqueux et aux produits contenant des particules solides susceptibles de causer un encrassement ou une corrosion importants sur d'autres types d'échangeurs de chaleur.

#### b.  Échangeurs à tubes et ailettes

Un premier fluide s'écoule dans les tubes tandis que le second se trouve à l'extérieur ; les tubes sont entourés de fines ailettes dans le but d'offrir une surface d'échange plus importante que la surface externe du tube lisse. Ce type d'échangeur est couramment utilisé pour la récupération de chaleur des fumées, les radiateurs de voutures, ou les condenseurs des fluides frigorigènes.

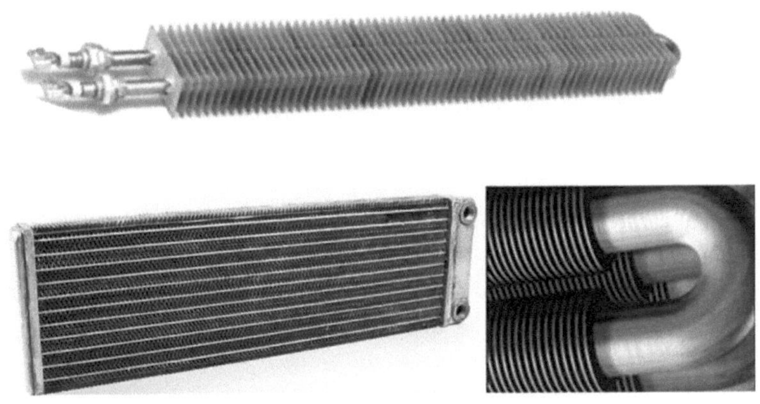

### c.  *Aérothermes industriels (aéro-réfrigérants)*

L'aérotherme est un échangeur de chaleur composé d'une surface d'échange et d'un moyen de ventilation. Le fluide à refroidir s'écoule dans des tubes et l'air extérieur passe autour des tubes munis d'ailettes pour augmenter le coefficient d'échange thermique. Par exemple, la surface d'échange peut être composée de tubes en cuivre et d'ailettes en aluminium, avec des groupes moteurs-ventilateurs pour assurer la circulation de l'air et l'évacuation de la chaleur. Cet appareil est généralement utilisé pour refroidir les liquides s'écoulant à des débits importants par l'air ambiant (eau, eau glycolée, huile, fuel…) et aussi pour condenser et refroidir les gaz (gaz frigorigènes : R22, R134a, R404A, R407C, R410A, R717 (NH3), R502, etc.). À une petite taille, la configuration des aéro-réfrigérants rejoint celle des échangeurs à tubes et ailettes utilisés pour le refroidissement de moteurs thermiques (radiateurs) et autres (climatiseurs, congélateurs...).

**Aéro-réfrigérant avec vue sur la ligne d'alimentation
et bouchons de tubes**

**Batterie d'aérothermes dans leur environnement**

> *d.  Échangeurs thermiques à surface raclée*

Ce sont des échangeurs dans lesquels un rotor avec racleurs renouvelle les produits sur la surface d'échange. Ils sont adaptés au chauffage et au refroidissement des produits alimentaires thermosensibles ou visqueux. Ils sont habituellement destinés à la production de boissons et de produits alimentaires présentant une forte viscosité ou contenant des particules de types différents.

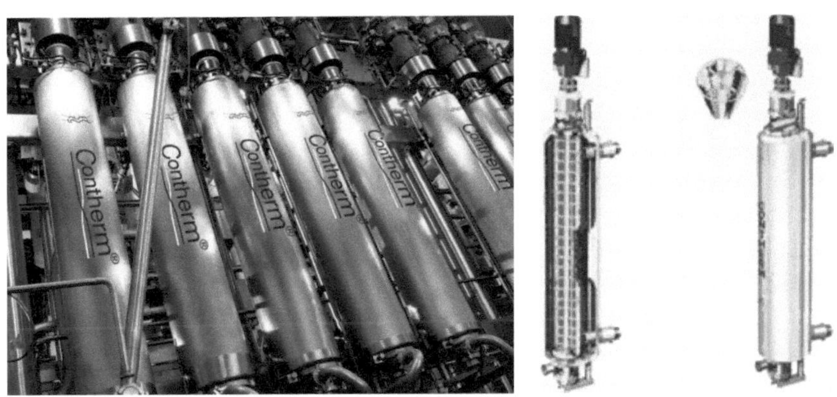

### e. *Échangeurs rotatifs*

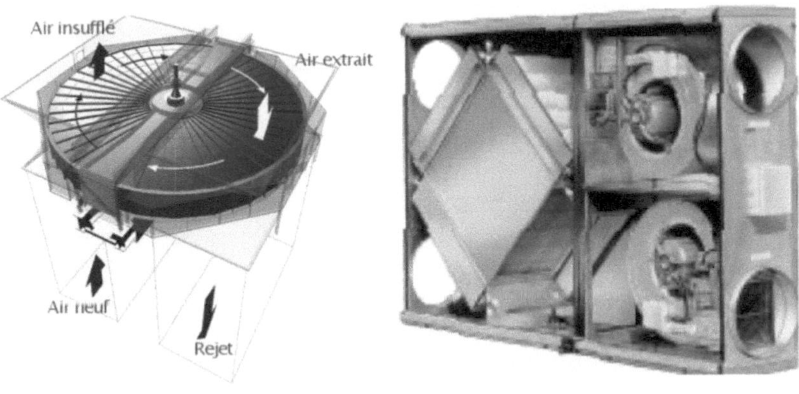

## f.  *Échangeurs à changement de phase (Caloduc)*

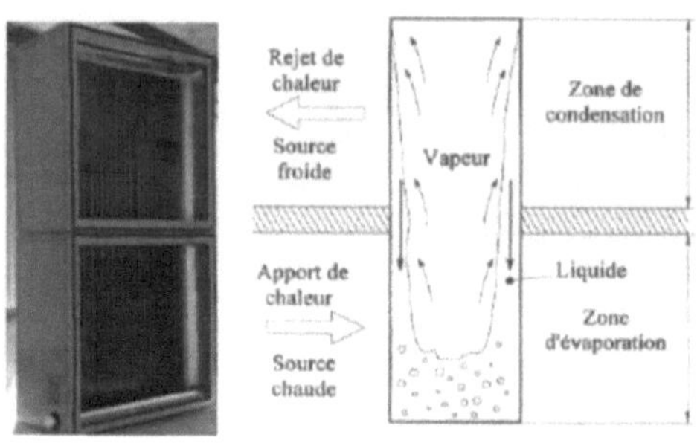


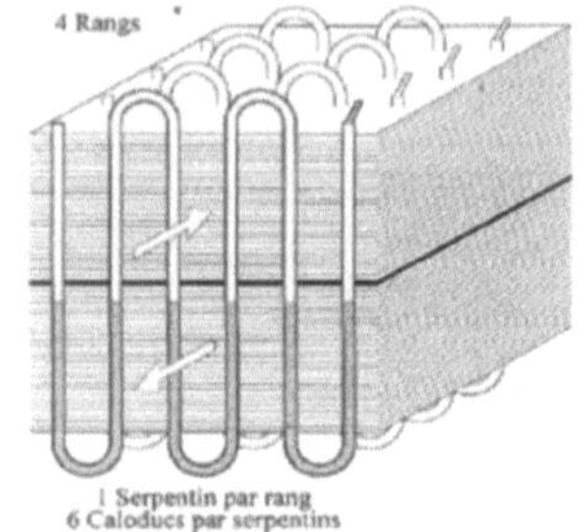


## g.  *Échangeurs à blocs*

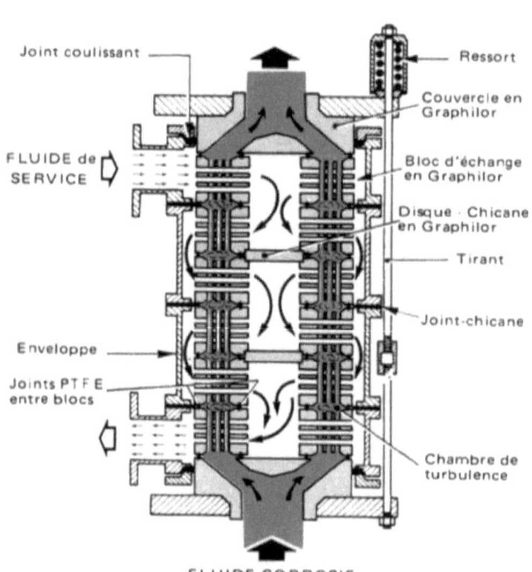

### h.  *Échangeurs compact*

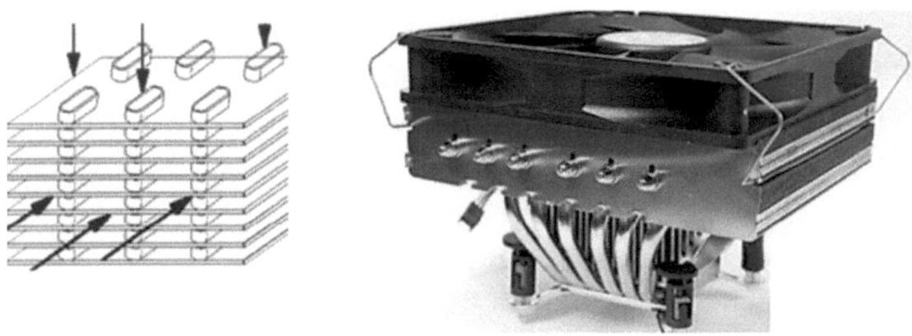

## 2.  Encrassement des échangeurs de chaleur

Les transferts thermiques dans les échangeurs thermiques sont favorables au développement de phénomènes d'encrassement dans les liquides et sur les parois thermiques. Ils se traduisent par l'accumulation d'éléments solides indésirables sur les surfaces d'échange. Il existe différents types d'encrassement, classés en fonction de la vitesse de développement de la résistance (couche solide). Les figures suivantes illustrent les phénomènes d'encrassement sur certains échangeurs.

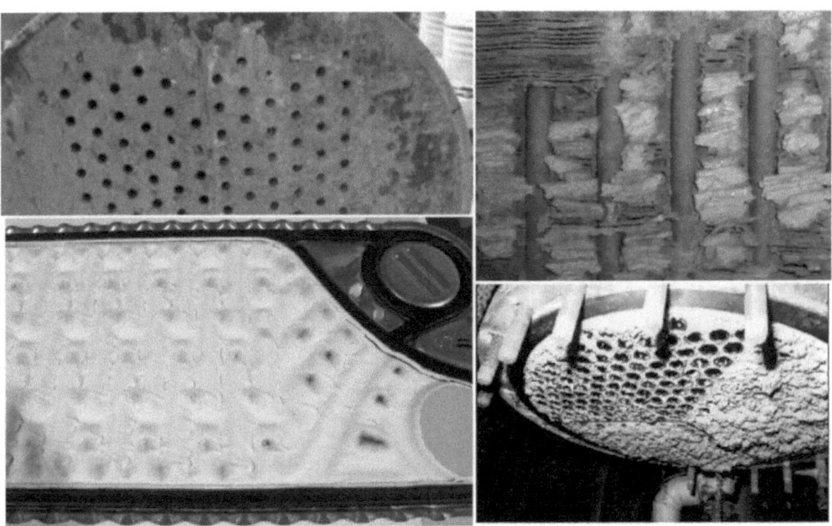

## 2.1   Types d'encrassement

### a.   Encrassement particulaire

Il s'agit du dépôt de particules transportées par l'écoulement des fluides industriels de provenance diverses :

- l'eau des chaudières contenant des produits corrosifs (oxydes et hydroxydes de fer),
- eaux des tours de refroidissement,
- particules transportées par l'air,
- écoulements gazeux pouvant être fortement chargés de particules de poussière,
- fumées industrielles de résidus solides de combustion.

### b.   Encrassement dû à la corrosion

L'encrassement par corrosion est le résultat d'une réaction chimique ou électrochimique entre la surface de transfert de chaleur et le fluide en écoulement permettant de produire des particules (oxydes) provoquant l'encrassement particulaire.

### c.   Entartrage

Il est généralement associé à la production d'un solide cristallin (tartre) à partir d'une solution liquide. Il dépend donc de la composition de l'eau industrielle. Il reflète le déplacement de l'équilibre calco-carbonique de l'eau dans le sens de production de tartre en raison de la dureté de l'eau et de l'augmentation de température. L'entartrage peut se produire dans les échangeurs refroidis à l'eau, dans les unités de dessalement d'eau de mer ou saumâtre, dans les chaudières, dans les échangeurs de l'industrie agroalimentaire, dans les systèmes géothermiques. Il existe différentes méthodes de prévention de l'entartrage.

### d.   Encrassement biologique

Il est dû au développement de micro-organismes (bactéries, algues ou champignons) qui créent un film au contact de la surface d'échange : il peut même, à l'échelle macroscopique, être caractérisé par le développement de coquillages. Les actions de prévention consistent soit à détruire les micro-organismes, soit à empêcher leur développement. Les traitements correspondants utilisent des biocides (chlore) toxiques pour la plupart des micro-organismes. Il s'agit, dans ce cas, d'une action rapide. Le choix final du traitement à adopter est en général un compromis entre les problèmes de toxicité, de pollution, de coût et de maintenance. La tendance à l'encrassement biologique est naturelle puisque les bactéries sont omniprésentes dans l'eau ; en outre, les conditions physico-chimiques rencontrées dans les échangeurs sont le plus souvent favorables à son développement.

### e. Encrassement par réactions chimiques

On rencontre ce type d'encrassement quand une réaction chimique se produit près d'une surface d'échange et que les solides produits par la réaction s'y déposent. Ce type d'encrassement est souvent lié aux réactions de polymérisation produisant la formation d'un dépôt. Les domaines concernés sont essentiellement l'industrie pétrochimique (craquage thermique des hydrocarbures lourds), l'industrie agroalimentaire (pasteurisation du lait) et les circuits de chauffage utilisant des fluides organiques.

### f. Encrassement par solidification

Il s'agit de la solidification d'un liquide pur au contact d'une surface d'échange sous-refroidie (formation d'une couche de glace ou de givre à l'intérieur des conduites) ou du dépôt d'un constituant à haut point de fusion d'un liquide au contact d'une surface de transfert de chaleur froide (dépôt d'hydrocarbures paraffiniques). Une vapeur peut également se déposer sous une forme solide sans passer par l'état liquide (formation du givre).

## 2.2  *Effet de l'encrassement sur le fonctionnement des échangeurs*

L'encrassement s'accentuera d'autant plus que la température augmente et que la vitesse des fluides diminue. Il existe des tables donnant des valeurs représentatives du facteur d'encrassement recommandées par la TEMA (*Tubular Exchanger Manufacturers Association*) pouvant servir au dimensionnement des échangeurs (cf. TEMA, 1988) par exemple). La plupart de ces valeurs ont un ordre de grandeur de $10^{-4}\ m^2 {}^\circ C/W$, ce qui correspond à la résistance thermique d'une couche de calcaire de 0,2 mm d'épaisseur et d'1 m$^2$ de surface.

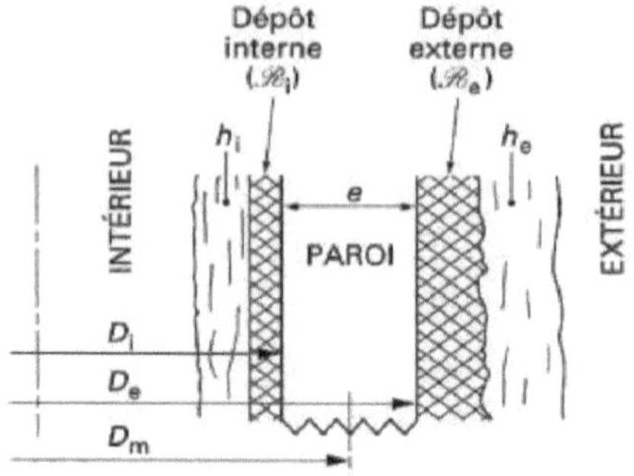


| EAU | | | | |
|---|---|---|---|---|
| Température du fluide chauffant | jusqu'à 115 °C | | de 115 à 205 °C | |
| Température de l'eau | jusqu'à 50 °C | | au-dessus de 50 °C | |
| Types d'eau | Vitesse de l'eau (m/s) | | | |
| | < 0,91 | > 0,91 | < 0,91 | > 0,91 |
| Eau de mer | 0,000 09 | 0,000 09 | 0,000 18 | 0,000 18 |
| Eau saumâtre | 0,000 35 | 0,000 18 | 0,000 53 | 0,000 35 |
| Tour de refroidissement et bassin d'arrosage artificiel : | | | | |
| — produit traité | 0,000 18 | 0,000 18 | 0,000 35 | 0,000 35 |
| — produit non traité | | 0,000 53 | 0,000 88 | 0,000 70 |
| Eau de ville ou de puits | 0,000 18 | 0,000 18 | 0,000 35 | 0,000 35 |
| Eau de rivière – mini | 0,000 35 | 0,000 18 | 0,000 35 | 0,000 35 |
| – maxi | 0,000 53 | 0,000 18 | 0,000 53 | 0,000 35 |
| Eau boueuse ou vaseuse | 0,000 53 | 0,000 35 | 0,000 70 | 0,000 53 |
| Eau dure | 0,000 18 | 0,000 53 | 0,000 88 | 0,000 88 |
| Eau de refroidissement moteur | 0,000 09 | 0,000 18 | 0,000 18 | 0,000 18 |
| Eau distillée | 0,000 09 | 0,000 09 | 0,000 09 | 0,000 09 |
| Eau d'alimentation traitée pour chaudières | 0,000 09 | 0,000 09 | 0,000 09 | 0,000 09 |
| Purges de chaudières | 0,000 35 | 0,000 35 | 0,00 035 | 0,000 35 |
| FLUIDE INDUSTRIEL | | | | |
| Fuel oil | 0,000 88 | | | |
| Huile de transformateur | 0,000 18 | | | |
| Huile de lubrifiant pour moteur | 0,000 18 | | | |
| Huile de trempe | 0,000 70 | | | |
| Liquides réfrigérants | 0,000 18 | | | |
| Fluides hydrauliques | 0,000 18 | | | |
| Fluides industriels organiques | 0,000 18 | | | |
| Sels fondus | 0,000 09 | | | |

**Valeurs indicatives des résistances thermiques d'encrassement en $\underline{m^2{}^\circ C/W}$ pour différents fluides (source : TEMA)**

L'encrassement des échangeurs thermiques induit un certain nombre d'effets indésirables ayant un coût économique ou environnemental non négligeable, ainsi :

- L'encrassement affaiblit le coefficient de transfert thermique. Par conséquent, le coût dépensé pour obtenir le coefficient de transfert thermique voulu augmente.
- L'encrassement peut provoquer un écart de température supérieur à la normale et augmenter ainsi les consommations énergétiques. Ceci peut aussi engendrer des pannes des

équipements en raison des surchauffes (surtout la surchauffe des pompes et compresseurs).

- Les coûts d'entretien sont plus élevés afin de supprimer les dépôts d'encrassement avec des produits chimiques, des dispositifs anti-salissures ou mécaniques, ou le remplacement des équipements corrodés.
- Les coûts de consommation d'eau, d'électricité et de carburant augmentent pour compenser les effets de l'encrassement.
- Des pertes de production liées aux arrêts d'entretien planifiés ou non causés par l'encrassement entraînent une augmentation des coûts d'exploitation.

Les conséquences de l'encrassement sont donc nombreuses et il s'avère indispensable de lutter contre ce phénomène. En effet, différentes méthodes existent afin de limiter l'encrassement des échangeurs. On peut citer, à titre d'exemple, le traitement des fluides (filtration, traitement chimique …) ou le nettoyage programmé des parois pendant les phases de fonctionnement par procédé mécanique (brossage, cachère d'eau sous pression, injection de vapeur ou de boules en caoutchouc spongieux …) ou par traitement chimique (généralement des acides détartrants).

Ces méthodes ne font que ralentir l'encrassement et un nettoyage complet des installations reste indispensable. Cela nécessite bien souvent l'arrêt complet de la production, entrainant un coût non négligeable. Afin de réduire ces coûts de maintenance, il est intéressant de pouvoir détecter en temps réel l'état d'encrassement des dispositifs. Les méthodes classiques de détection sont basées sur le pesage de l'échangeur ou d'une de ses parties, sur l'examen du coefficient d'échange thermique ou de l'efficacité, sur l'observation simultanée des chutes de pression et du taux de débit massique, sur la mesure de la variation de température en entrée et en sortie d'un des deux fluides, sur l'utilisation d'outils de mesure à ultrasons ou électriques. Aucune de ces solutions n'est parfaite et toutes exigent des conditions d'emploi particulières. Ainsi, la première nécessite l'arrêt de fonctionnement du processus, les trois suivantes un fonctionnement en régime stationnaire (les débits massiques des fluides ne doivent pas trop varier). De même, outre leurs coûts, l'utilisation de capteurs ne constitue qu'une solution locale, l'efficacité dépendant fortement de leur placement.

Une autre classe de méthodes repose sur la modélisation de l'échangeur et l'utilisation de techniques d'estimation en temps réel des paramètres ou des variables d'état du modèle retenu. Différentes méthodes de diagnostic, de classification ou d'observation sont possibles afin de détecter l'encrassement. Ainsi, l'utilisation de modèles type **boite noire** tels que les réseaux de neurones est envisageable.

## 3.  Coefficient global d'un échangeur de chaleur

Le coefficient global $U$ d'un échangeur de chaleur fait communément référence à une surface d'échange $A_0$ (exemple surface d'échange externe des tubes). De manière générale, pour tout échangeur de chaleur, $U$ est une fonction des coefficients de convection internes et externes, des résistances de l'encrassement et de la résistance du métal des tubes.

Comme vu dans le chapitre précédent, le coefficient global associé à une surface s'écrit sous la forme :

$$U_0 = \frac{1}{A_0 * \sum R} \qquad\qquad (\acute{E}q.\ 48)$$

avec R résistance au transfert dépendante du type de transfert de chaleur et du système concerné.

Pour le cas d'une convection :   $R = \dfrac{1}{h.A}$ $\qquad\qquad (\acute{E}q.\ 49)$

Pour le cas d'une conduction dans une plaque (solide) :

$$R = \frac{e}{(A.\lambda)_{solide}} \qquad\qquad (\acute{E}q.\ 50)$$

Pour le cas d'une conduction dans un cylindre, la résistance peut s'écrire en fonction de la moyenne logarithmique de la surface notée ici $A_m$ :

$$R = \frac{ln(r_2/r_1)}{2.\pi.L.\lambda} = \frac{ln(r_2/r_1).(r_2-r_1)}{2.\pi.L.\lambda.(r_2-r_1)} = \frac{ln(A_2/A_1).(r_2-r_1)}{\lambda.(A_2-A_1)} = \frac{e}{A_m.\lambda} \quad (\acute{E}q.\ 51)$$

Il faut noter que tout coefficient global est associé à une surface d'échange choisie. Dans le cas où il s'avère plus commode de choisir un coefficient global de transfert basé sur la surface interne d'un tube $A_i$, on devrait avoir l'égalité suivante :

$$U_0.A_0 = U_i.A_i$$

Il est important, avant toute analyse d'échangeurs de chaleur, d'identifier une surface d'échange de référence qui sera maintenue dans toute l'analyse pour les différents calculs.

Lorsque le coefficient global de transfert d'un échangeur de chaleur est calculé en tenant compte des résistances de l'encrassement, il est appelé coefficient global de transfert sale (noté ici $U_0$), autrement dit il est qualifié de propre ou appelé coefficient de transfert de design (noté $U$).

### 3.1 Coefficient global de transfert d'un échangeur à faisceaux et calandre

L'échangeur à faisceaux et calandre est formé essentiellement de tubes de tailles identiques. On peut donc se consacrer à l'étude du transfert à un seul tube, ensuite généraliser sur l'échangeur entier. Le coefficient global d'un échangeur à faisceaux et calandre basé sur la surface d'échange externe des tubes $U_0 = 2\pi \, r_{ext} L$ s'écrit :

$$U_0 = \cfrac{1}{A_0 * \left( \cfrac{1}{h_e.A_0} + \cfrac{R_{fext}}{A_0} + \cfrac{R_{Ail}}{A_0} + \cfrac{e}{A_m.\lambda_{cyl}} + \cfrac{R_{fin}}{A_i} + \cfrac{1}{h_i.A_i} \right)} \qquad (Éq.\ 52)$$

Donc, en règle générale, on a :

$$U_0 = \cfrac{1}{\cfrac{1}{h_e} + R_{fext} + R_{Ail} + \cfrac{e.A_0}{A_m.\lambda_{cyl}} + R_{fin}.\cfrac{A_0}{A_i} + \cfrac{1}{h_i}.\cfrac{A_0}{A_i}} \qquad (Éq.\ 53)$$

avec :

$h_i, h_e$ : Coefficients de convection interne et externe (au voisinage des tubes)$(W/m^{2\circ}C)$

$R_{fin}, R_{fext}$ : Résistances thermiques à l'encrassement interne et externe $(m^{2\circ}C/W)$

$e, \lambda_{cyl}$ : Épaisseur $(m)$ et conductivité thermique $(W/m°C)$ de la zone métallique séparant les deux fluides dans l'échangeur (épaisseur et conductivité d'un tube dans le cas faisceaux et calandre)

$R_{Ail}$ : Résistance au transfert de chaleur en présence d'ailette

$A_m$ : Surface moyenne de transfert

$A_m = \pi. L\dfrac{(d_i+d_e)}{2} = 2. \pi. L\dfrac{(r_i+r_e)}{2}$ avec $d_i$ et $d_e$ diamètres interne et externe du tube cylindrique. Cette même surface a été illustrée dans le chapitre précédent sous sa forme complète, représentant la moyenne logarithmique des surfaces $A_m = \frac{A_0 - A_i}{Ln\frac{A_0}{A_i}}$. Cependant, dans la pratique, $A_m$ s'avère généralement rapprochée à la moyenne arithmétique $A_m \cong \frac{A_0 + A_i}{2} = \pi . L \frac{(d_i + d_e)}{2}$     (Éq. 54).

Le coefficient de transfert global est le paramètre déterminant dans le calcul des échangeurs : il convient de le calculer dans chaque problème. Cependant, les paramètres intégrés dans le calcul de U, tels que les résistances à l'encrassement et les coefficients de convection, dépendent fortement de la situation de transfert thermique étudiée (changement de phases, régime d'écoulement...). Le chapitre suivant donnera les éléments de calcul et les différentes corrélations des coefficients de convection dans les cas couramment rencontrés dans les échangeurs industriels.

### 3.2   Coefficient global de transfert d'un échangeur à plaques

Dans le cas d'un échangeur à plaques, nous avons une expression du flux semblable à celle d'un mur multicouche. La surface d'échange est identique (contrairement au cylindre multicouche), le choix d'une surface n'est donc pas déterminant. Le coefficient global d'échange d'un échangeur à plaques s'écrit :

$$U_0 = \frac{1}{\frac{1}{h_{chaud}} + R_{chaud} + \frac{\delta}{\lambda_{cyl}} + R_{froid} + \frac{1}{h_{froid}}}$$     (Éq. 55)

avec :

$h_{chaud}, h_{froid}$ : Coefficients de convection interne des fluides chaud et froid (au voisinage d'une plaque métallique) (W/ m$^2$°C).

$R_{chaud}, R_{froid}$ : Résistances thermiques de l'encrassement interne des fluides chaud et froid (m$^2$°C/W). Pour des raisons de commodité, les deux résistances de l'encrassement se réduisent en une seule $R_f$.

$\delta$ : Épaisseur de plaque (de la surface de transfert) séparant les deux fluides (m), $\delta$ est relative aux types de plaques (métal, fabricant ...), sa valeur varie entre 0,3 et 1 mm.

Les échangeurs à plaques ont la faculté d'offrir un coefficient d'échange plus important par rapport aux autres types d'échangeurs (il atteint deux fois plus que celui des échangeurs à faisceaux et calandre pour une situation d'échange comparable). Cependant, les performances des échangeurs à plaques sont beaucoup plus sensibles à l'encrassement.

Pour déterminer la perte thermique générée par l'encrassement, nous avons généralement recours au calcul de la marge de design $M = \dfrac{U_0 - U}{U}$. Une valeur de $M$ allant de 20 à 25 % constitue une limite de fonctionnement de l'appareil. Au-delà de cette valeur, un entretien de l'échangeur s'impose.

# Coefficient d'échange convectif
# sans changement de phases
# dans les échangeurs de chaleur

Ce chapitre décrit d'abord le mécanisme général de la convection. Nous discuterons ensuite de la vitesse d'écoulement et des couches limites thermiques et dynamiques nécessaires à l'évaluation du transfert de chaleur convectif. Les équations d'écoulement des fluides et leurs résolutions font intervenir des nombres adimensionnels ; il est donc question ici de les définir et d'en rappeler le sens physique. Le nombre de Nusselt requiert une importance particulière en raison de son lien direct avec le coefficient global de convection h. Cependant, des corrélations de calcul de ce nombre adimensionnel faciliteront les calculs des différents paramètres étudiés.

Rappelons que la convection peut se produire suivant deux modes régis par la nature de la force motrice véhiculant le fluide en question :

- *Convection libre* : appelée aussi naturelle, elle est considérée lorsque le fluide en question s'écoule sous l'effet naturel du gradient de température, créant ainsi une différence de masse volumique entre le fluide et l'extérieur. Les domaines d'applications de convection naturelle sont vastes et concernent aussi bien l'isolation des canalisations que le refroidissement des circuits électriques et électroniques, la thermique du bâtiment et le confort humain, les panaches et la dispersion des effluents, ou encore la thermique de l'atmosphère et des océans.

- *Convection forcée* : elle est provoquée par une circulation artificielle (pompe, turbine, ventilateur…) d'un fluide. Le transfert est plus rapide que dans le cas de convection naturelle. On trouve son application dans les chauffages centraux avec accélérateurs, chauffages électriques avec soufflerie, chauffe-eau solaires et fours à convection...

Le transfert de chaleur par convection est très intimement lié au mouvement du fluide. Il est nécessaire de connaître le mécanisme de l'écoulement du fluide avant d'examiner celui du transfert de chaleur. Un des plus importants aspects de l'étude hydrodynamique est de connaître la nature de l'écoulement du fluide (laminaire ou turbulent).

Lorsqu'un fluide s'écoule en mouvement laminaire le long d'une surface dont la température est différente de celle du fluide, la chaleur est transmise seulement par conduction aussi bien à l'intérieur du fluide qu'à l'interface entre le fluide et la surface. Par contre, dans le cas d'un écoulement turbulent, le mécanisme de conduction est modifié et favorisé par d'innombrables tourbillons. Les petits volumes de fluide, en se mélangeant avec d'autres, jouent le rôle de porteur d'énergie. Par conséquent, un accroissement de la turbulence amène une augmentation de la quantité de chaleur s'écoulant par convection.

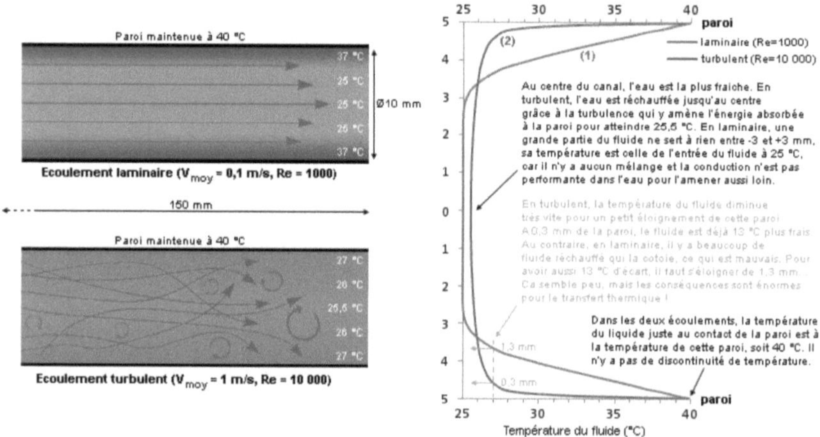


La région dans laquelle sont localisées les variations notables de la vitesse est appelée couche limite hydrodynamique. L'épaisseur de cette couche est définie comme étant la distance comptée à partir de la paroi où la vitesse locale atteint 99 % de la vitesse $V\infty$ du fluide loin de la paroi. Cette épaisseur est d'autant plus faible que la vitesse augmente. Suivant les besoins de l'étude menée, deux couches limites hydrodynamiques peuvent être prises en compte : une couche limite dynamique et une couche limite thermique. Lorsqu'il s'agit d'un écoulement non isotherme de fluide, les deux épaisseurs de couches coexistent et elles sont souvent considérées égales (couches superposées) pour des facilités de calculs.

## 1.  Nombres adimensionnels pour le calcul du coefficient de transfert

Dans le cadre des transferts thermiques, nous sommes souvent conduits à utiliser les nombres adimensionnels suivants :

> ### *Nombre de Nusselt*

Le nombre de Nusselt, noté Nu, est une mesure commode du coefficient d'échange de chaleur par convection. Il représente **le rapport du flux de chaleur globalement transféré au flux de chaleur transférée par conduction**. Dans le cas d'un écoulement cylindrique, Nu peut être interprété comme étant le rapport du diamètre du tube à l'épaisseur du film de fluide dans lequel se trouverait concentré le gradient de température.

$$Nu = \frac{hD}{\lambda} \qquad (Éq.\ 56)$$

$h$ : Coefficient de transfert par convection (W/m² °C)

$D$ : Diamètre de la conduite (m)

$\lambda$ : Conductivité thermique du fluide (W/m°C)

Une fois la valeur de Nu connue, on peut facilement calculer le coefficient d'échange de chaleur par convection

> ### *Nombre de Reynolds*

Indispensable pour la caractérisation de l'écoulement, c'est en effet **le rapport des forces d'inertie aux forces de viscosité**.

$$Re = \frac{\rho DV}{\mu} \qquad (Éq.\ 57)$$

$\rho$ : Masse volumique (Kg/m$^3$)

$D$ : Diamètre de l'écoulement (m)

$V$ : Vitesse du fluide (m/s)

$\mu$ : Viscosité dynamique (Kg/m.s)

Si Re < 2 400 on est en régime laminaire. Pour des vitesses plus élevées, Re > 2 400, le régime turbulent apparaît.

> ➢ *Nombre de Prandtl*

C'est le rapport de deux diffusivités (quantité de mouvement et thermique). Le nombre de Prandtl **compare la rapidité des phénomènes thermiques et des phénomènes hydrodynamiques dans un fluide.** Un Prandtl élevé indique que le profil de température dans le fluide sera fortement influencé par le profil de vitesse. Un Prandtl faible (exemple : métaux liquides) indique que la conduction thermique est tellement rapide que le profil de vitesse a peu d'effet sur le profil de température.

Pour les gaz, Pr est inférieur à 1 et ne varie pas avec la température alors que, pour les liquides usuels, Pr est supérieur à 1.

$$Pr = \frac{\mu C_p}{\lambda} = \left(\frac{\rho C_p}{\lambda}\right) \cdot \left(\frac{\mu}{\rho}\right) = \frac{\nu}{\alpha} \qquad (Éq.\ 58)$$

$C_p$ : Capacité calorifique du fluide (J/Kg°C)

$\nu$ : Viscosité cinématique (m²/s)

$\alpha$ : Diffusivité thermique (m²/s)

> ➢ *Nombre de Grashof*

Il caractérise le mouvement du fluide provoqué par les variations de température pour la convection naturelle et joue un **rôle analogue au nombre de Reynolds dans ce type de convection** (rapport des forces de gravité aux forces visqueuses).

$$Gr = \frac{g.\rho^2.\beta.\Delta T.L^3}{\mu^2} \qquad (Éq.\ 59)$$

$g$ : Accélération de la pesanteur (9,81 m/s², à 1 atm)

$\beta$ : Coefficient de dilatation

$\Delta T$ : Différence de température (fluide libre et paroi)

L : Grandeur caractéristique associée à la configuration géométrique du problème étudié.

Lorsque $Gr < 10^9$, le régime d'écoulement est qualifié de laminaire. Il est cependant turbulent pour $Gr \geq 10^9$.

## 2.  Corrélations pour le calcul du coefficient de transfert en convection forcée

La résolution des problèmes des échanges thermiques lors d'écoulements des fluides (problèmes dynamiques) repose essentiellement sur l'application des équations de la mécanique des fluides. En tenant compte des hypothèses (fluide Newtonien incompressible) et à l'exemple des applications déjà traitées lors d'un cours de mécanique des fluides, la description d'un problème de convection dans un cylindre fait intervenir le système d'équation de Continuité, Quantité de mouvement et Énergie.

La résolution du système d'équation est souvent difficile analytiquement lorsqu'il s'agit d'une représentation réaliste du système (moins d'hypothèses). Cependant, les outils informatiques basés sur des calculs de volumes finis facilitent l'obtention des profils résultants.

Plusieurs études se sont intéressées aux transferts de chaleurs des fluides en mouvement et pour différentes configurations (tubes, plaques, écoulements internes et externes ...). La résolution des problèmes est généralement typique : elle commence par l'établissement des équations et les hypothèses de calculs, l'adimensionnement des équations et des conditions aux limites puis la résolution. Cette méthodologie de résolution basée sur l'adimensionnement et l'écriture des solutions en fonction des nombres adimensionnels, permet une facilité d'utilisation des résultats, qui prennent ainsi la forme de corrélations spécifiques pour chaque problème étudié.

### 2.1  Cas d'une plaque plane parallèle à l'écoulement laminaire

Le nombre de Nusselt peut se calculer en fonction de la distance par rapport au bord de la plaque :

$$Nu(x) = 0.322[Re(x)]^{1/2}[Pr]^{1/3}$$

### 2.2 Cas d'une plaque plane parallèle à l'écoulement turbulent

$$Nu(x) = 0.0298[Re(x)]^{0,8}[Pr]^{1/3}$$

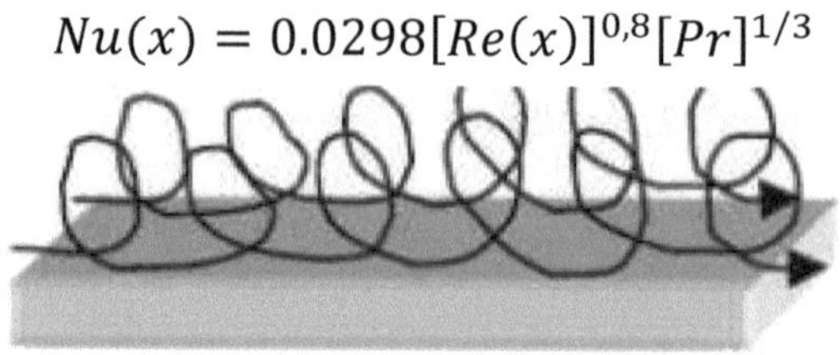

### 2.3 Cas d'un écoulement entre deux plaques

Il s'agit d'un cas courant utilisé pour les échangeurs à plaques : l'écoulement est parallèle aux surfaces des plaques et perpendiculaire à l'épaisseur $e$ séparant les deux plaques. Cette épaisseur correspond aussi à celle des joints comprimés (joints séparant les plaques des échangeurs à plaques). Dans le cas d'un **écoulement laminaire**, on utilise les relations suivantes :

$$Nu = \frac{h*e*2}{\lambda} \text{ et } Re = \frac{\rho*v*2*e}{\mu} \qquad (\acute{E}q.\ 60)$$

Pour le cas d'un **écoulement turbulent,** on utilise la formule de Colburn pour des plaques parallèles :

$$Nu = 0.023\ Re^{0,8}Pr^{0,33} \qquad (\acute{E}q.\ 61)$$

Re étant identique pour les deux régimes (laminaire et turbulent).

### 2.4 Cas d'un écoulement laminaire perpendiculaire à un tube

$$Nu = 0.82\ Re^{0,4}Pr^{0,3}$$

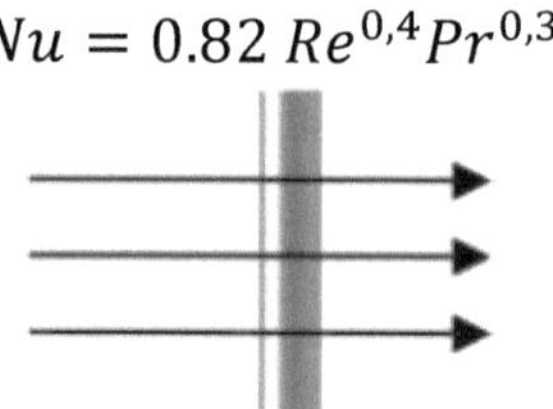

## 2.5   *Cas d'un écoulement turbulent perpendiculaire à un tube*

Dans le cas des gaz, on utilise la formule :

$$Nu = 0{,}026(Re.\,Pr)^{3/4}$$

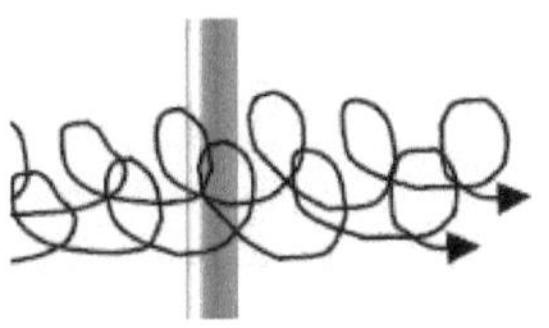

Pour les liquides :    $Nu = 0.023\ Re^{0,8}Pr^{0,4}$        *(Éq. 62)*

## 2.6   *Cas d'un écoulement perpendiculaire à un faisceau de tubes*

On distingue deux cas de figure suivant la disposition des tubes :

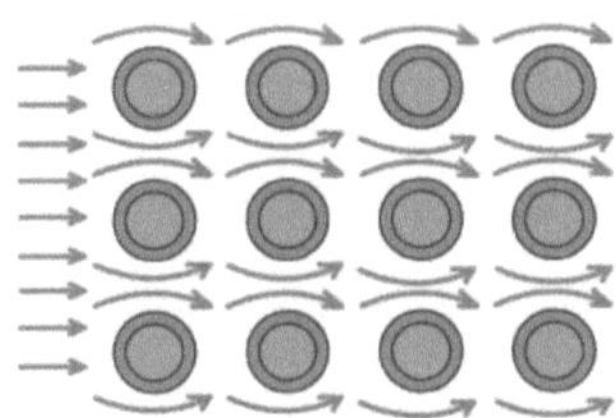

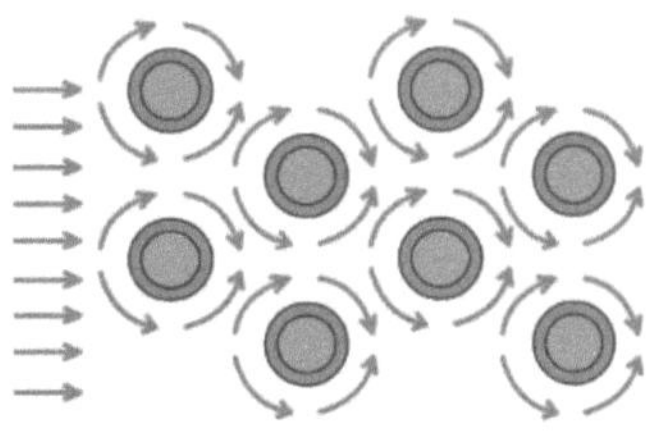

**Disposition en ligne**

$$Nu = 0{,}26.\,Re^{0,6}Pr^{0,33}$$

**Disposition quinconce**

$$Nu = 0{,}33.\,Re^{0,6}Pr^{0,33}$$

## 2.7   *Cas d'un écoulement laminaire dans un tube*

Dans le cas d'un écoulement en régime laminaire, cas similaire à celui de l'écoulement d'un fluide visqueux, on peut utiliser la relation de Sieder et Tate :

$$Nu_m = 1.86 \left(\frac{D_i}{L}Re.\,Pr\right)^{1/3} \left(\frac{\mu}{\mu_p}\right)^{0,14} \qquad \textit{(Éq. 63)}$$

avec :    $Nu_m$ : Nombre de Nusselt moyen sur la longueur L

        $D_i$ : Diamètre interne du tube

        $\mu_p$ : Viscosité dynamique du fluide calculée à la température de la paroi

Dans la corrélation de Sieder et Tate, les paramètres du fluide sont calculés à la température moyenne du fluide dans la zone d'écoulement, à l'exception de $\mu_p$. Le rapport $\frac{\mu}{\mu_p}$ tend vers 1 pour les faibles diamètres.

## Exemple

**Coefficient de transfert en écoulement laminaire dans un tube**

Calculez le coefficient de transfert moyen de 300 kg/h d'huile s'écoulant dans un tube de diamètre intérieur de 0,019 m et 1 m.

Données d'huile : $\rho = 902\ Kg/m^3$ , $C_p = 1520\ \frac{J}{Kg°C}$ ,

$= 0,004\ Pa.s$ , $\lambda = 0,16\ \frac{W}{m.K}$

## Solution

Calcul de $Re$ :

$$Re = \frac{\rho.v.D_i}{\mu} = \frac{W.D_i}{\mu.\pi.\frac{D_i^2}{4}} = \frac{4.W_i}{\mu.\pi.D_i}$$

$$= \frac{4*300}{3600*0,004*\pi*0,019} = 1396,1$$

L'écoulement est donc laminaire et le fluide est visqueux. La corrélation de Sieder et Tate est applicable :

$$Nu_m = 1.86 \left(\frac{D_i}{L} Re.Pr\right)^{1/3} \left(\frac{\mu}{\mu_p}\right)^{0,14}$$

Calcul de $Pr$ : $Pr = \frac{\mu C_p}{\lambda} = \frac{1520*0,004}{0,16} = 38$

Le terme $\left(\frac{\mu}{\mu_p}\right)^{0,14}$ peut être pris égal à 1 (faible diamètre impliquant un faible gradient de T entre centre du fluide et celui au voisinage de la paroi). Le coefficient de convection interne est donc calculé par :

$$Nu = \frac{hD}{\lambda} = 1.86 \left(\frac{D_i}{L} Re.Pr\right)^{1/3}$$

$$\frac{h_i * 0,019}{0,16} = 1.86 \left(\frac{0,019}{1} 1396,1 * 38\right)^{1/3}$$

soit $h_i = 157,05 \frac{W}{m^2} {}^\circ C$.

## 2.8   Cas d'un écoulement turbulent dans un tube

Dans ce cas, la résolution théorique basée sur les techniques conventionnelles s'avère impossible. Toutefois, la plupart des relations utilisables a été définie à partir d'expériences. L'une des corrélations les plus utilisées est celle de Mc Adams :

Pour $\mathbf{10^4} < Re < \mathbf{12.\,10^4}, \mathbf{0,6} < Pr < 120$ et $\frac{L}{D_i} > 60$

(faibles diamètres) :

$$Nu_i = \frac{D_i.h}{\lambda} = \mathbf{0,023} \left(\frac{\rho.D.v}{\mu}\right)^{\mathbf{0,8}} \left(\frac{\mu C_p}{\lambda}\right)^{\mathbf{0,4}} \qquad (\acute{E}q.\ 64)$$

Dans le cas d'un régime d'écoulement turbulent avec un rapport $\frac{L}{D_i} < 60$, Colburn a proposé la corrélation suivante :

$$Nu_i = \frac{D_i.h}{\lambda} = 0,023 \left(\frac{\rho.D.v}{\mu}\right)^{0,8} \left(\frac{\mu C_p}{\lambda}\right)^{1/3} \left(\frac{\mu}{\mu_p}\right)^{0,14} \left[1 + \left(\frac{D_i}{L}\right)^{0,7}\right]$$

$$(\acute{E}q.\ 65)$$

### Exemple

**Coefficient de transfert en écoulement turbulent dans un tube**

Calculez le coefficient de transfert moyen de 2 000 kg/h d'eau s'écoulant dans un tube de diamètre intérieur 0,019 m et de 2 m.

Données de l'eau : $\rho = 992\ Kg/m^3$ , $C_p = 4185 \frac{J}{Kg^\circ C}$ ,

$\mu = 0,00065\ Pa.\,s$ , $\lambda = 0,63 \frac{W}{m.K}$

$$\boxed{\text{Solution}}$$

Calcul de $Re$ :

$$Re = \frac{\rho.v.D_i}{\mu} = \frac{W.D_i}{\mu.\pi.\dfrac{D_i^2}{4}} = \frac{4.W_i}{\mu.\pi.D_i}$$

$$= \frac{4*2000}{3600*0,00065*\pi*0,019} = 57276$$

Il s'agit d'un régime turbulent, prouvé aussi par la vitesse d'écoulement (2 m/s).

Calcul de $Pr$ : $\qquad\qquad Pr = \dfrac{\mu C_p}{\lambda} = \dfrac{4185*0,00065}{0,63} = 4,32$

Les conditions sont en accord avec l'application de la corrélation de Mc Adams.

$$\frac{D_i.h}{\lambda} = 0,023 \left(\frac{\rho.D.v}{\mu}\right)^{0,8} \left(\frac{\mu C_p}{\lambda}\right)^{0,4} = \frac{0,019.h}{0,63} * 0,023 * 57276^{0,8} * 4,32^{0,4}$$

$$= 264,37$$

soit $h_i = 8766\ W/m^2K$.

## 2.9   *Cas d'un écoulement dans un espace annulaire*

Considérons l'écoulement d'un fluide dans l'espace annulaire délimité par les deux diamètres interne $D_1$ et externe $D_2$. Il convient, dans ce cas, de définir deux coefficients de convection attribués à chaque direction d'échange (intérieur ; concentrique couvrant l'échange avec l'intérieur et le cas où l'échange concerne un fluide se trouvant à l'extérieur).

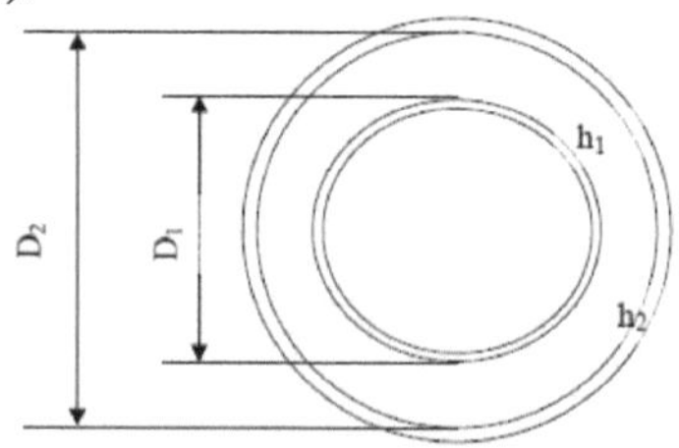

Les deux diamètres équivalents peuvent être déterminés sous la forme suivante :

$$D_{eq1} = \frac{|D_1^2 - D_2^2|}{D_1} \quad et \quad D_{eq2} = \frac{|D_1^2 - D_2^2|}{D_2} \qquad (Éq.\ 66)$$

➢ Pour des propriétés de fluide calculées à une $T = \left(\frac{T_{mp}+T_{mf}}{2}\right)$, en régime turbulent $\left(Re_{eq1} = \frac{D_{eq1}.\rho.v}{\mu} > 12000\right)$, les coefficients de transfert par convection dans l'espace annulaire sont donnés par :

$$\frac{h_1.D_{eq1}}{\lambda} = 0{,}02.\,Re_{eq1}^{\ 0,8}.\,Pr^{1/3}\left(\frac{D_2}{D_1}\right)^{0,53} \qquad (Éq.\ 67)$$

$$\frac{h_2.D_{eq2}}{\lambda} = 0{,}023.\,Re_{eq2}^{\ 0,8}.\,Pr^{1/3}\left(\frac{\mu}{\mu_p}\right)^{0,14} \qquad (Éq.\ 68)$$

(relation valable pour $1{,}6 < \frac{D_2}{D_1} < 17$)

➢ Pour un rapport de diamètres $1{,}2 < \frac{D_2}{D_1} < 3$ et pour le cas d'un écoulement annulaire en régime laminaire correspondant à un Re $\left(200 < \frac{(D_2-D_1).\rho.v}{\mu} < 2000\right)$, une corrélation du calcul d'un coefficient de convection appliquée à l'ensemble de l'espace d'écoulement est développé par Chen, Hawkins et Solberg :

$$\frac{h_1.(D_2-D_1)}{\lambda} = 1{,}02\left(\frac{(D_2-D_1)\rho.v}{\mu}\right)^{0,45} Pr^{0,5}\left(\frac{\mu}{\mu_p}\right)^{0,14}\left[\frac{(D_2-D_1)}{L}\right]^{0,8} Gr^{0,05} \quad (Éq.\ 69)$$

Cette relation est valable pour des fluides dont la viscosité est proche de celle de l'eau. Notons que les corrélations couvrant ce cas sont en majorité tabulées dans des listes de valeurs. Ex $\frac{D_2}{D_1} = \mathbf{0{,}83}$ correspond à une valeur de Nusselt de 5,63.

## Exemple

### Échangeur serpentin

Considérons un réacteur agité, siège d'une réaction chimique exothermique. Pour des raisons de production, le mélange réactionnel doit être maintenu à 45°C. La chaleur dégagée par la réaction est de $10^6$ W. Pour maintenir le mélange à la température de consigne, le réacteur est doté d'un serpentin de diamètre 3 cm dans lequel circule de l'eau glacée à une température d'entrée de -3°C avec un débit de 3 tonnes/h, une viscosité dynamique de 1,3 mPa.s, une masse volumique de 1,5 kg/L et une conductivité thermique de 1,6 W/m°C. Le réacteur fonctionne en continue avec un débit de production de 50 tonnes/h et la température d'entrée des réactifs est de 20°C.

La capacité calorifique du mélange réactionnel dans l'appareil est supposée constante à une valeur de 2,5 kj/kg°C, tandis que celle de l'eau glacée utilisée pour le refroidissement est de 4 kj/kg°C.

Quelle est la longueur de l'échangeur (serpentin mono-tubulaire) requise pour maintenir le mélange réactionnel à la température de consigne ?

## Solution

### Bilan thermique longitudinale au niveau de l'échangeur (serpentin)

La variation longitudinale de chaleur du fluide de refroidissement (par unité de longueur) dans le serpentin est due à son écoulement convectif en raison du gradient de température.

$$m_l . C_{pl} . dT = h_c . dS . (T_r - T) = h_c . \pi . D . dx . (T_r - T)$$

$m_l$ : Débit massique du liquide de refroidissement.

$C_{pl}$ : Capacité calorifique du liquide de refroidissement.

$h_c$ : Coefficient de convection côté fluide de refroidissement (dans le serpentin).

$S$ : Surface de l'échange latérale (élémentaire) ; $\pi . D . dx$.

$T_r$ : Température du mélange réactionnel.

$T$ : Température du fluide de refroidissement à l'intérieur du réacteur.

$$\frac{dT}{T_r - T} = \frac{h_c . \pi . D}{m_l . C_{pl}} dx$$

Une intégration des deux termes de l'équation entre (entrée et sortie) $T_{le}, T_{ls}\, et\, x_2, x_1$ donne :

$$Ln\left(\frac{T_r - T_{le}}{T_r - T_{ls}}\right) = \frac{h_c . \pi . D}{m_l . C_{pl}} . L$$

avec : $avec\, x_2 - x_1 = L$ ; longueur du serpentin.

### Bilan thermique dans le volume réactionnel

Chaleurs reçues = chaleurs perdues

Chaleur générée + chaleur entrante (entrée de l'appareil) = chaleur sortante (sortie réacteur) + chaleur évacuée par refroidissement

Chaleur de Rex = chaleur reçu du serpentin + chaleur reçue lors de l'entrée dans le réacteur.

$$Q + m_r . C_{pr} . T_e = m_r . C_{pr} . T_r + m_l . C_{pl} . (T_{ls} - T_{le})$$

$$Q = m_r . C_{pr} . (T_r - T_e) + m_l . C_{pl} . (T_{ls} - T_{le})$$

avec :        $m_r$: Débit massique du mélange réactionnel.

          $C_{pr}$: Capacité calorifique du mélange réactionnel.

          $T_e$: Température d'entrée du mélange réactionnel.

La température de sortie du liquide de refroidissement est donc :

$$T_{ls} = T_{le} + \frac{Q - m_r.\,C_{pr}.\,(T_r - T_e)}{m_l.\,C_{pl}} = -3 + \frac{1.10^6 - \frac{50000}{3600}.\,2,5.10^3.\,(45-20)}{\frac{3000}{3600}.\,4.10^3}$$

$$T_{ls} = 36,5°C$$

➢ Détermination du coefficient d'échange convectif côté fluide de refroidissement :

*Calcul des critères adimensionnels*

$$Re = \frac{\rho D V}{\mu}, Pr = \frac{\mu C_p}{\lambda}, Nu = \frac{hD}{\lambda}$$

*Vitesse du liquide de refroidissement*

$$V = \frac{\frac{m_l}{\rho_l}}{\frac{\pi.\,D^2}{4}} = \frac{\frac{3000/3600}{1,5.10^3}}{\frac{\pi.\,0,03^2}{4}} = 0,78 \; m/s$$

$$Re = \frac{\rho_l.\,D.\frac{\frac{m_l}{\rho_l}}{\frac{\pi.D^2}{4}}}{\mu} = \frac{4.m_l}{\pi.D.\mu} = \frac{4.3000/3600}{\pi.0,03.1,3.10^{-3}} = 27220 \; ; \text{régime turbulent.}$$

$$Pr = \frac{\mu C_p}{\lambda} = \frac{1,3.10^{-3}.\,4.10^3}{1,6} = 3,25$$

Ces conditions nous permettent d'utiliser la corrélation de Mac Adams :

$$Nu = \frac{D.\,h}{\lambda} = 0,023.\,Re^{0,8} Pr^{0,4}$$

$$Nu = 0,023 * 27220^{0,8} * 3,25^{0,4} = 130,1$$

$$h_c = \frac{\lambda.\,Nu}{D} = \frac{1,6.130,1}{0,03} = 6938,67 \; W/m^2°C$$

*Longueur du serpentin*

$$L = \frac{Ln\left(\frac{T_r - T_{le}}{T_r - T_{ls}}\right)}{\frac{h_c.\,\pi.\,D}{m_l.\,C_{pl}}} = \frac{m_l.\,C_{pl}}{h_c.\,\pi.\,D}.\,Ln\left(\frac{T_r - T_{le}}{T_r - T_{ls}}\right) = \frac{Ln\left(\frac{45+3}{45-36,5}\right)}{\frac{6938,67\;.\pi.0,03}{4.10^3.\,3000/3600}}$$

$$L = 8,82m$$

## 3. Corrélations pour le calcul du coefficient de transfert en convection libre

Lorsqu'un fluide se trouve en contact avec un corps chaud, sa température augmente et sa masse volumique diminue et il se déplace (il monte) par rapport au corps chaud. Cet écoulement de fluide le long de ce corps chaud entraîne un phénomène de convection appelé naturelle ou libre. Dans le cas de la convection forcée, V (vitesse du fluide) était une donnée du problème. Cependant, pour la convection naturelle, la valeur de V est souvent difficile, voire impossible, à déterminer. Dans ces conditions, le nombre de Reynolds doit être remplacé par un autre nombre sans dimension. En convection libre comme en convection forcée, l'écoulement peut être laminaire ou turbulent et dépend de la distance au bord d'attaque du fluide, de ses propriétés, de la force de pesanteur et de l'écart de température entre la surface et le fluide. De ce fait, l'interprétation physique du nombre de Nusselt peut être utilisée aussi en convection libre.

Dans ce cas, nous avons la formule générale suivante :

$$Nu = a.(Gr.Pr)^n = a.Ra^n \qquad \text{(Éq. 70)}$$

avec : $Ra = Gr.Pr$ ; Ra est le nombre de Rayleigh ; a et n sont des constantes variant selon le cas :

$$10^{-3} < Ra < 5.10^2, a = 1,18 \; et \; n = 0,125 \qquad \text{(Éq. 71)}$$
$$5.10^2 < Ra < 2.10^7, a = 0,54 \; et \; n = 0,25$$
$$2.10^7 < Ra < 10^{13}, a = 0,135 \; et \; n = 0,33$$

Dans ce contexte, on note l'existence de plusieurs corrélations empiriques de calcul de Nu spécifiques pour chaque cas étudié.

*Exemple : cas des tubes horizontaux*

Pour $0.7 < Pr < 30.10^3$ et $1 < Ra < 10^8$

$$Nu_{T_f} = \frac{1}{2} Gr_{T_f}^{1/4} Pr_{T_f}^{1/4} \left(\frac{Pr_{T_f}}{Pr_{T_p}}\right)^{1/4} \qquad \text{(Éq. 72)}$$

# Coefficient d'échange convectif
# en transfert avec changement de phase

## 1. Condensation

La condensation de vapeur est un phénomène qui intervient dans de nombreux domaines de l'industrie : machines frigorifiques et pompes à chaleur, installations thermiques à vapeur, échangeurs thermiques et systèmes de distillation dans les installations de dessalement d'eau de mer. Elle conduit à l'apparition d'une phase liquide en écoulement, accompagnée d'un important dégagement de chaleur. L'étude de ce phénomène est ainsi devenue un thème fondamental dans le domaine des écoulements diphasiques et des transferts de chaleur et de masse. Toutefois, sa complexité provient de l'intervention simultanée de plusieurs facteurs :

- les différents types de condensation : en brouillard, en gouttelettes ou en film,
- les régimes d'écoulement : diphasique liquide-vapeur en régime laminaire, ondulatoire ou turbulent, par convection forcée, mixte ou naturelle,
- l'état des fluides : vapeur pure saturée ou surchauffée, mélange de vapeurs ou mélange vapeur-gaz non condensable,
- l'influence d'un grand nombre de paramètres comme la vitesse, la pression, la température des fluides en écoulement et de la paroi,
- la forme géométrique des dispositifs de condensation : plaque plane verticale, horizontale ou inclinée, paroi interne ou externe d'un cylindre horizontal ou vertical de section circulaire ou elliptique, faisceau de tubes horizontaux, échangeurs tubulaires.

Depuis les travaux de Nusselt [W. Nusselt. "The condensation of steam on cooled surfaces", *Zeitschrift des Vereines Deutscher Ingenieure*, Vol. 60, No. 27, pp. 541-575, 1916], plusieurs études expérimentales ont été effectuées sur la condensation en film de vapeurs pures ou de mélanges vapeur-gaz. Les études théoriques sont moins nombreuses et font appel à des modèles monophasiques ou diphasiques, à des corrélations semi-empiriques ou à l'analogie entre transferts de chaleur et de masse. Des hypothèses simplificatrices sont souvent adaptées au problème traité, telles que l'approximation et ou l'élimination de quelques termes intervenant dans les équations (inertie, convection d'enthalpie, gradient de pression, contraintes de cisaillement, …).

Pour les applications industrielles, le paramètre le plus important est le coefficient de transfert thermique. À cet effet, on trouvera dans la littérature scientifique un grand nombre de corrélations empiriques proposées par différents auteurs pour des configurations géométriques et conditions expérimentales très variées.

En pratique, la vapeur subissant la condensation se trouve soit dans un état pur, soit mélangée à des gaz non condensables, la condensation s'effectuant sur une paroi simple ou recouverte d'un matériau poreux.

## 1.1    Types de condensations

La condensation est un processus physique de changement de phase d'un corps pur de l'état vapeur à l'état liquide. Elle se produit lorsque la vapeur se trouve en contact avec un milieu dont la température est inférieure à la température de saturation de la vapeur et s'accompagne d'un dégagement de chaleur important. On distingue différents types de condensations selon la mouillabilité de la surface et les différentes formes du condensat obtenu (voir figure) :

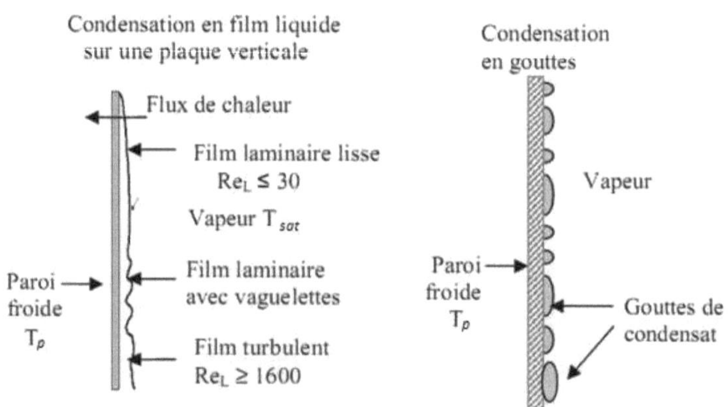


**Différents types de condensation**

### a.   La condensation en gouttes

Elle apparaît quand la surface est contaminée par des impuretés contenues dans la vapeur ou traitée pour éviter le mouillage, ou lorsque le liquide n'adhère pas à la surface. Sur la surface, apparaissent des gouttes de condensat qui s'agrandissent au fur et à mesure que le processus se développe, glissent sur la surface ou tombent sous l'effet de la gravité. Du point de vue thermique, ce type de condensation augmente considérablement l'échange de chaleur avec la paroi, puisqu'une partie de la surface froide reste en contact direct avec la vapeur. Le coefficient de transfert thermique est de 10 à 20 fois supérieur à celui de la condensation en film, pouvant atteindre jusqu'à 200 à 300 $kW.m^{-2}.K^{-1}$, dans le cas de la condensation en gouttes d'une vapeur à la pression atmosphérique. Cependant, ce type de condensation reste assez rare et les appareils industriels sont généralement dimensionnés en admettant une condensation en film.

### b.   La condensation en film

Elle se produit dans le cas où la vapeur se condense sur une surface mouillable sous forme d'un film liquide continu. Celui-ci oppose alors une résistance thermique plus grande au passage de la chaleur entre la vapeur et la paroi, du fait de la différence de température de liquide entre l'interface et la paroi et de l'épaisseur croissante du film liquide. Ceci entraîne une nette diminution des transferts thermiques le long de l'écoulement. Le mode de condensation en film est le plus couramment rencontré dans les installations industrielles.

## 2.   Coefficient d'échange en condensation

### 2.1   Modèle de Nusselt : condensation en film sur une plaque plane verticale

Nusselt, en 1916, a considéré une vapeur pure saturée en contact avec une paroi plane verticale froide. La condensation de vapeur conduit alors à l'apparition d'un film liquide continu ruisselant sur la plaque (voir figure).

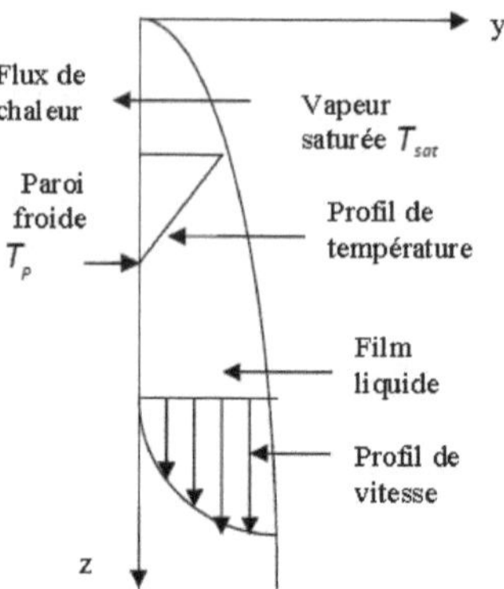


La résolution analytique des équations du film liquide permet la détermination des profils de température et de vitesse, du débit, de l'épaisseur de film liquide et du coefficient de transfert thermique entre vapeur et paroi.

L'étude est menée sur la base des hypothèses suivantes :

- vapeur pure stagnante saturée à température uniforme $T_{sat}$,

- paroi isotherme à température $T_p < T_{sat}$,

- film liquide en écoulement laminaire lisse,

- propriétés physiques constantes,

- termes d'inertie et gradient de pression négligeables dans l'équation du mouvement,

- termes convectifs négligeables dans l'équation de l'énergie,

- contrainte tangentielle et résistance thermique nulles à l'interface liquide-vapeur.

Les équations sont écrites dans le repère $(O, y, z)$, les axes y et z étant respectivement dirigés suivant la normale à la plaque et suivant le sens de l'écoulement. L'équation de mouvement du liquide se simplifie alors considérablement :

$$\mu_L + \frac{\partial^2 U_L}{\partial y^2} + \rho_L \cdot g = 0^2 \qquad (\acute{E}q.\ 73)$$

$\mu_L$ : Viscosité dynamique en Kg.m$^{-1}$.s$^{-1}$ ou Pa.s, $g$ : constante de gravitation en m/s², $\rho_L$ : masse volumique du film liquide, $U_L$ : vitesse du liquide en m/s.

Avec les conditions aux limites suivantes :

➢   À la paroi : $(y = 0) : U_L = 0$

➢   À l'interface liquide-vapeur $(y = \delta) : \dfrac{\partial U_L}{\partial y} = 0,\ \ \delta$ étant

l'épaisseur du film liquide ($\delta$ est variable selon z).

La résolution analytique de cette équation conduit à un profil parabolique de vitesse liquide :

$$U_L(y, z) = \frac{g}{2.\nu_L}\left(2.\,\delta.\,y - y^2\right) \qquad (Éq.\ 74)$$

$\nu_L$ : Viscosité cinématique du film liquide en m²/s.

Le débit massique par unité de largeur de la plaque à la côte z s'écrit alors :
$$q'_L = \frac{\rho_L.g.\delta^3}{3.\nu_L} \qquad (Éq.\ 75)$$

Par ailleurs, l'élimination des termes de convection dans l'équation de l'énergie du liquide conduit à un profil de température TL(y) linéaire :
$$T_L(y, z) = \left(T_{sat} - T_p\right)\frac{y}{\delta} + T_w \qquad (Éq.\ 76)$$

L'épaisseur de film liquide $\delta$ est calculée par bilan thermique, en écrivant que la chaleur dégagée par condensation de vapeur à l'interface est transmise à la paroi par conduction à travers le film liquide. L'égalité des flux implique donc :

$$Q_p = \frac{\lambda_L}{\delta}\left(T_{sat} - T_p\right) = L_c\,\frac{dq'_L}{dz} \qquad (Éq.\ 77)$$

$\lambda_L$ conductivité thermique du film liquide en W/m°C et $L_c$ chaleur latente de condensation en J/Kg.

Par intégration entre 0 et z, on en déduit l'épaisseur du condensat :

$$\delta(z) = \left(\frac{4.\lambda_L.\mu_L.\left(T_{sat}-T_p\right)}{L_c.g.\rho_L^2}.z\right)^{1/4} \qquad (Éq.\ 78)$$

La densité de flux (W/m²) pariétale peut être exprimée comme suit :
$$\varphi_p = h_z\left(T_{sat} - T_p\right) \qquad (Éq.\ 79)$$

Le coefficient de transfert local h$_z$ s'écrit alors :

$$h_z = \left(\frac{\lambda_L^3.L_c.g.\rho_L^2}{4.\mu_L.\left(T_{sat}-T_p\right).z}\right)^{1/4} \qquad (Éq.\ 80)$$

Le coefficient de transfert thermique moyen s'obtient par intégration sur toute la longueur L de la plaque :

$$\overline{h} = 0.943 \left( \frac{\lambda_L^3 . L_c . g . \rho_L^2}{\mu_L . (T_{sat} - T_p) . L} \right)^{1/4} \qquad (\acute{E}q.\ 81)$$

➤ Ces équations restent valables pour une plaque inclinée en remplaçant g par g.cos ($\underline{\theta}$), $\underline{\theta}$ étant l'angle entre la plaque et la verticale.

➤ Cette équation peut être utilisée aussi dans le cas d'une condensation à l'extérieur des tubes verticaux, à condition que le diamètre de tube soit largement supérieur à l'épaisseur du film laminaire de condensation.

*Extrapolation à la condensation à l'extérieur des tubes horizontaux*

Par ailleurs, l'extension de l'analyse de Nusselt à la condensation sur la paroi externe de (N) empilement de cylindres horizontaux de diamètre externe D (la figure montre 4 empilements monocylindres ), conduit à la détermination du coefficient moyen de transfert de chaleur entre la paroi du cylindre et la vapeur à condenser comme suit :

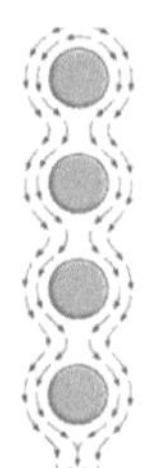

$$\overline{h}_{Ntubes\ horiz} = 0.729 \left( \frac{\lambda_L^3 . L_c . g . \rho_L^2}{\mu_L . (T_{sat} - T_p) . N . D} \right)^{1/4} = \frac{1}{N^{1/4}}\ h_{Tube\ Horiz}$$

Condition : $\rho_v \ll \rho_L$. C'est le cas de la vapeur d'eau.

## 2.2  *Condensation de vapeur pure*

Rohsenow a apporté une correction au modèle de Nusselt : il a tenu compte des termes de convection d'enthalpie dans l'équation de l'énergie du film liquide. À partir d'un bilan enthalpique dans le condensat, il détermine ainsi la distribution de température dans le film liquide. Son analyse conduit à une modification de la solution de Nusselt en y introduisant une nouvelle expression de la chaleur latente de condensation sous la forme :

$$L'_c = L_c + 0{,}68.\ C_{pL}\left(T_{sat} - T_p\right)$$

$T_p$ : température de la paroi (surface de condensation).

$$\boxed{\textbf{Exemple 1}}$$

## Condensation d'une vapeur sur un tube horizontal

Une vapeur se condense dans un échangeur condenseur constitué de plusieurs tubes horizontaux ; dans cet exemple, on s'intéresse au coefficient d'échange par condensation à l'extérieur d'**un seul tube**. La vapeur circule à une pression de 7,38 KPa et une température de 40°C. L'eau froide circule à l'intérieur des tubes de 3 cm de diamètre externe. La surface externe des tubes est maintenue à 30°C.

- ➤ Calculez la chaleur échangée entre la vapeur et l'eau circulant dans un seul tube.
- ➤ Calculez le taux de condensation de la vapeur par unité de longueur du tube.

*Données de vapeur*

Une vapeur saturée d'eau à 40°C existe à une pression de 7,38 KPa. Dans ce cas :

$$L_c = 2407.10^3 j/Kg \text{ et } \rho_v = 0,05 \; Kg/m^3 . g = 9,8 m/s^2$$

*Données de l'eau liquide*

Ces propriétés sont prises à la température moyenne de film

$$T_f = \frac{(T_{sat}+T_p)}{2} = \frac{(40+30)}{2} = 35°C.$$

$$\rho_l = 994 \; Kg/m^3 \;, C_{pL} = 4178 \; j/Kg°C, \qquad \mu_L$$
$$= 0,720.10^{-3} Pa.s, \lambda_L = 0,623 \; W/m°C$$

$$\boxed{\textbf{Solution 1}}$$

Il s'agit de la condensation d'une vapeur d'eau. La nouvelle valeur de chaleur latente de condensation est :

$$L'_c = L_c + 0{,}68 . C_{pL}\left(T_{sat} - T_p\right)$$
$$= 2407 . 10^3 * 0.68 * 4178(40 - 30)$$
$$L'_c = 2435 . 10^3 j/Kg$$

Dans ce cas, la condition $\rho_v \ll \rho_L$ est vérifiée. On peut donc appliquer la corrélation :

$$\overline{h}_{Ntubes\ horiz} = 0.729 \left(\frac{L'_c . g . \rho_L^2 . \lambda_L^3}{\mu_L . (T_{sat} - T_p) . N . D}\right)^{1/4} \text{ avec N = 1, donc :}$$

$$h_{Tube\ horiz} = 0.729 \left(\frac{g . \rho_L^2 . L'_c . \lambda_L^3}{\mu_L . \left(T_{sat} - T_p\right) . D}\right)^{1/4}$$

$$h_{Tube\ horiz} = 0.729 \left(\frac{9{,}81 * 994 * 2435 . 10^3 * 0{,}623}{0{,}720 . 10^{-3} . (40 - 30) . 0{,}03}\right)^{1/4}$$

$$h_{Tube\ horiz} = 9292\ W/m^{2\circ}C$$

La surface d'échange S par unité de longueur étant $\pi . D . L = \pi * 0{,}03 * 1(m) = 0{,}09425\ m^2$,

    *1-  La chaleur échangée*
$$\dot{Q} = h * S\left(T_{sat} - T_p\right) = 9292 * 0{,}09425 * (40 - 30)$$
$$\dot{Q} = 8758\ W$$

    *2-  Le débit de condensat*
$$\dot{m} = \frac{\dot{Q}}{L'_c} = \frac{8758}{2435 . 10^3} = 0{,}00360\ Kg/s = 12{,}9 Kg/h$$

### Exemple 2

**Condensation à l'extérieur de plusieurs tubes horizontaux**

Reprendre l'exemple précédent en tenant compte cette fois-ci de l'ensemble des tubes. Il s'agit d'une rangée de 12 tubes (empilement de 3 en hauteur et 4 en largeur, voir figure).

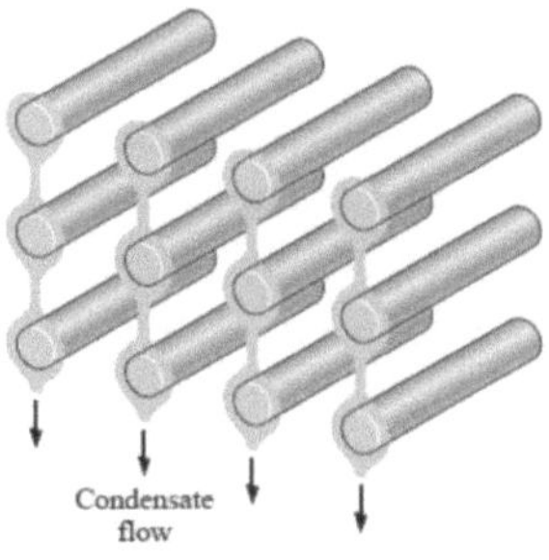



**Solution 2**

Nous disposons de l'équation :

$$\bar{h}_{Ntubes\ horiz} = 0.729 \left( \frac{\lambda_L^3 . L_c . g . \rho_L^2}{\mu_L . (T_{sat} - T_p) . N . D} \right)^{1/4}$$

$$= \frac{1}{N^{1/4}} h_{Tube\ Horiz}$$

Donc :  $\bar{h}_{Ntubes\ horiz} = \dfrac{1}{N^{1/4}} h_{Tube\ Horiz} = \dfrac{1}{3^{1/4}} . 9292 = 7060\ W/m^{2}{}^{\circ}C$

La surface d'échange totale (de condensation) par unité de longueur étant :

$$S_{Tot} = N_{Tot} . \pi . D . L = 12 * \pi * 0{,}03 * 1(m) = 1{,}1310\ m^2$$

Dans ce cas :

$$\dot{Q} = \bar{h}_{Ntubes\ horiz} * S_{Tot} (T_{sat} - T_p)$$
$$= 7060 * 1{,}1310 * (40 - 30)$$

$$\dot{Q} = 79{,}850\ W$$

Le débit de condensat : $\dot{m} = \dfrac{\dot{Q}}{L_c^r} = \dfrac{79{,}850}{2435.10^3} = 0{,}0328\ Kg/s$

## 2.3   Condensation à l'intérieur des tubes horizontaux

### ➢ Types d'écoulement rencontrés

Aux débits élevés, la vapeur se condense sur la paroi du tube en formant un écoulement annulaire alors qu'à de faibles débits, un écoulement annulaire dispersé se forme à l'entrée du tube et se stratifie le long du tube. Le condensat s'écoule ainsi par effet de gradient hydraulique si le tube n'est pas en charge à son extrémité aval. Dans le cas contraire, le condensat s'accumule dans le tube et s'écoule périodiquement sous forme de bouchons de liquide expulsés du tube par la pression de la vapeur. La figure indique les configurations d'écoulement que l'on peut rencontrer dans un tube horizontal selon le débit.

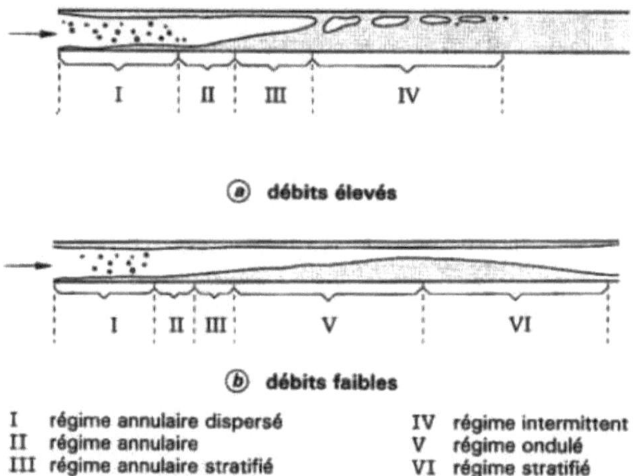


*a.    Coefficient d'échange interne en régime stratifié (profil montant)*

Le coefficient d'échange de chaleur moyenné sur la circonférence du tube peut être calculé à l'aide de la relation suivante :

$$\bar{h} = \omega \left( \frac{\lambda_L^3 . L_c . g . \rho_L^2 (\rho_L - \rho_V)}{\mu_L . (T_{sat} - T_p) . D} \right)^{1/4} \; Avec \; \omega$$

$$= 0{,}728 \left( 1 + \frac{1-x}{x} \left( \frac{\rho_V}{\rho_L} \right)^{2/3} \right)^{-3/4}$$

où $x$ est le titre massique de la vapeur : le rapport du débit-masse de la vapeur au débit-masse total du mélange vapeur-condensat.

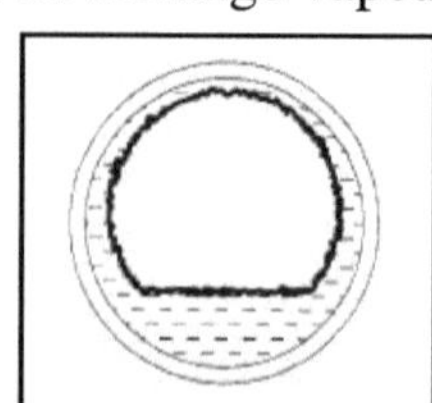

b.   *Coefficient d'échange interne en écoulement annulaire (profil plat)*

En écoulement annulaire, Tanden *et al.* (1995) proposent les relations suivantes pour le coefficient d'échange moyen :

$$Nu_m = 0.084\ Pr^{1/3} \left( \frac{L_c}{C_{pL}\left(T_{sat} - T_p\right)} \right)^{.1/6} \overline{Re_v}^{0,67}$$

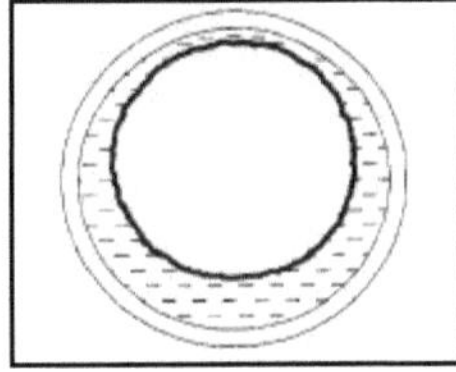

Cette corrélation est soumise aux conditions suivantes :

- Écoulements annulaires ou semi-annulaires.
- Valeurs moyennes de Reynolds vapeur $\overline{Re_v} = \frac{\rho_v.D.v}{\mu_{L.}} > 3.\,10^4$.

À des valeurs de Reynolds vapeur (calculées à l'entrée de vapeur) inférieures à $\mathbf{3.\,10^4}$, la vitesse de vapeur est relativement faible, le régime de condensation est donc supposé en film laminaire et la corrélation suivante est utilisée :

$$h_{film\ interne} = 0.555 \left[ \frac{g.\rho_L.\left(\rho_L - \rho_V\right)\lambda_L^3}{\mu_L.\left(T_{sat} - T_p\right)} \left( L_c + \frac{3}{8} C_{pL}\left(T_{sat} - T_p\right) \right) \right]$$

## 3.  Ébullition

L'ébullition est une vaporisation prenant place au sein d'un liquide, généralement due à un apport de chaleur. La vaporisation provoque la formation de bulles. L'étude de l'ébullition libre passe par le tracé de la courbe dite courbe d'ébullition, qui représente les variations du flux de chaleur q avec la surchauffe par rapport à la paroi $\Delta T_{sat} = T_p - T_{sat}$, et qui laisse apparaître les différents régimes d'ébullition.

## 3.1 Courbe d'ébullition

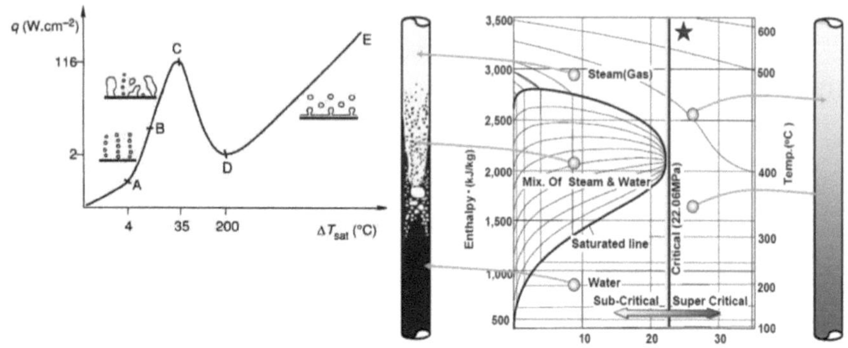

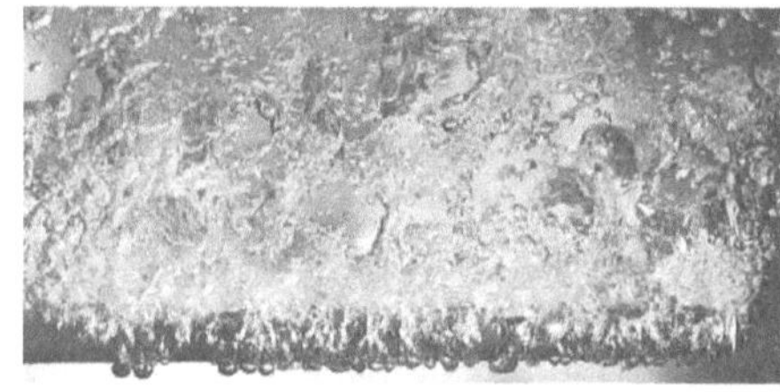

**AC : Ébullition nucléée**

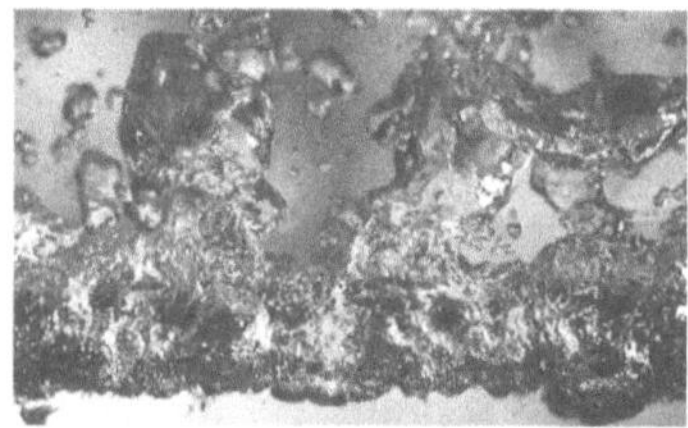

**CD : Ébullition transitoire**

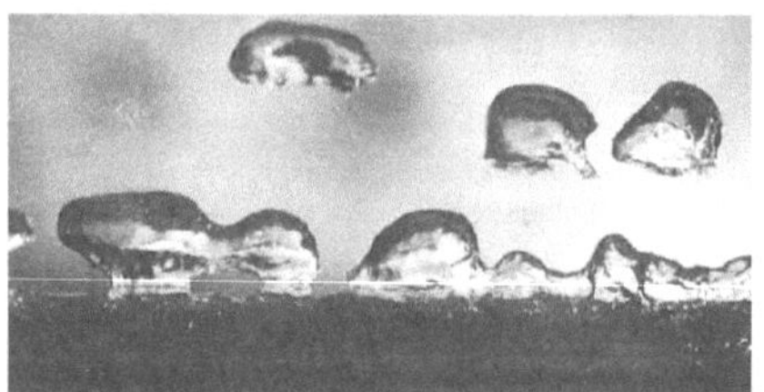

**DE : Ébullition en film**

## 3.2 Ébullition nucléée

AC : Dans ce régime, **l'émission de bulles** crée des mouvements convectifs intenses qui améliorent notablement les échanges thermiques. Aux faibles surchauffes, les sites actifs sont peu nombreux et très espacés sur la surface : on est alors en régime d'ébullition nucléée partielle ou régime de bulles isolées. Si l'on augmente encore la surchauffe ($\Delta T_{sat}$), d'autres sites de nucléation sont activés et la fréquence des bulles augmente généralement au niveau de chaque site : c'est le régime d'ébullition nucléée pleinement développée. Les sites de nucléation devenant plus nombreux, ils se rapprochent et l'on peut éventuellement assister à une coalescence latérale des bulles sous forme d'amas de vapeur. La formation de ces poches de vapeur (amas) empêche le liquide de mouiller parfaitement la surface. La présence de zones sèches (faible transfert à travers une poche de vapeur) et de zones mouillées (fort transfert par ébullition nucléée) entraîne globalement un ralentissement de l'augmentation du flux, jusqu'à ce que la courbe d'ébullition atteigne un maximum désigné par le point C sur la figure. Dans cette zone, Rohesnow (1952) propose l'expression de flux de chaleur suivante :

$$Q_{Nuclée} = \mu_L \cdot L_c \left[ \frac{g \cdot (\rho_L - \rho_v)}{\sigma} \right]^{1/2} \left[ \frac{C_{pL}(T_p - T_{sat})}{C_{sf} \cdot L_c \cdot Re_L^n} \right]^3 \quad (W/m^2)$$

avec :   $C_{sf}$ : constante expérimentale caractérisant l'interaction fluide-paroi,

$n$ : constante expérimentale qui dépend du fluide,

$\sigma$ : tension interfaciale liquide-vapeur (N/m).

| Fluid-Heating Surface Combination | $C_{sf}$ | $n$ | $T$, °C | $\sigma$, N/m* |
|---|---|---|---|---|
| Water–copper (polished) | 0.0130 | 1.0 | 0 | 0.0757 |
| Water–copper (scored) | 0.0068 | 1.0 | 20 | 0.0727 |
| Water–stainless steel (mechanically polished) | 0.0130 | 1.0 | 40 | 0.0696 |
| Water–stainless steel (ground and polished) | 0.0060 | 1.0 | 60 | 0.0662 |
| Water–stainless steel (teflon pitted) | 0.0058 | 1.0 | 80 | 0.0627 |
| Water–stainless steel (chemically etched) | 0.0130 | 1.0 | 100 | 0.0589 |
| Water–brass | 0.0060 | 1.0 | 120 | 0.0550 |
| Water–nickel | 0.0060 | 1.0 | 140 | 0.0509 |
| Water–platinum | 0.0130 | 1.0 | 160 | 0.0466 |
| n-Pentane–copper (polished) | 0.0154 | 1.7 | 180 | 0.0422 |
| n-Pentane–chromium | 0.0150 | 1.7 | 200 | 0.0377 |
| Benzene–chromium | 0.1010 | 1.7 | 220 | 0.0331 |
| Ethyl alcohol–chromium | 0.0027 | 1.7 | 240 | 0.0284 |
| Carbon tetrachloride–copper | 0.0130 | 1.7 | 260 | 0.0237 |
| Isopropanol–copper | 0.0025 | 1.7 | 280 | 0.0190 |
| | | | 300 | 0.0144 |
| | | | 320 | 0.0099 |
| | | | 340 | 0.0056 |
| | | | 360 | 0.0019 |
| | | | 374 | 0.0 |

Valeurs de $C_{sf}$ et $n$ pour différents métaux/fluides        $\sigma$ pour la vapeur d'eau

## 3.3   Crise d'ébullition

### Point C (flux critique)

Lorsque la vapeur formée en grande quantité empêche le liquide de remouiller la paroi et d'assurer son refroidissement, la courbe d'ébullition passe par un maximum (point C). À partir de ce maximum, si la courbe d'ébullition est réalisée à flux imposé, une légère augmentation de celui-ci (flux) entraîne une brusque augmentation de la température de la paroi du point C au point D (de plusieurs centaines de degrés Celsius) ; dans ce cas, si la température de paroi au point D est supérieure à la température de fusion de celui-ci, il est détruit : c'est la raison pour laquelle le point C est appelé *point critique*. À ce point, correspond un *flux critique* qui est le flux thermique maximal transmis en ébullition nucléée et sans risquer un endommagement de la paroi. On l'appelle communément crise d'ébullition ou *burnout*. Au point C, une expression du flux critique (maximal) est développée par N. Zuber (1958) :

$$Q_{max} = C.L_c[\sigma.g.\rho_v{}^2(\rho_L - \rho_v)]^{1/4} \quad (W/m^2)$$

pour une plaque plane horizontale avec C : constante qui dépend de la géométrie d'évaporateur (valeur moyenne : 0,12).

$$Q_{max} = \left[0{,}116 + 0{,}3.exp\left(-3{,}44.r^{*1/2}\right)\right].L_c.\rho_v{}^{1/2}[\sigma.g.(\rho_L -$$

$\rho v1/4$ pour le cas de l'ébullition sur la surface d'un cylindre horizontal avec : $r^*$, rayon critique de la conduite ; $r^* = r.\left[\dfrac{g.(\rho_L-\rho_v)}{\sigma}\right]^{1/2}$, $r$ étant le rayon externe de la conduite cylindrique.


### 3.4  *Ébullition transitoire*

*CD : phase de transition*

En température contrôlée, une augmentation de $\Delta T_{sat}$ après le flux critique entraîne l'apparition du *régime de transition*. Ce régime se caractérise par de sévères et rapides fluctuations de la température de paroi locale dues à l'instabilité des poches de vapeur qui apparaissent à un endroit pour disparaître ensuite et ainsi permettre à la surface d'être remouillée. Si la surchauffe augmente, ces poches de vapeur ont une durée de vie plus longue ; ainsi, puisque l'effet isolant dure plus longtemps, il s'ensuit une diminution du flux lorsque la surchauffe augmente. Pour la phase transitoire, il n'existe pas de corrélations précises donnant l'expression du flux, quoique la valeur du flux minimal atteint après la transition est donnée par :

$$Q_{min} = 0,09.\,\rho_L.\,L_c \left[\frac{\sigma.g.(\rho_L-\rho_v)}{(\rho_L-\rho_v)^2}\right]^{1/4} \;(W/m^2) \quad \text{pour une plaque}$$

plane horizontale.

$$Q_{min} = 0,046.\,\rho_v.\,L_c \left[\frac{18.\sigma.g.(\rho_L-\rho_v)}{r^{*2}.(2.r^{*2}+1).(\rho_L-\rho_v)^2}\right]^{1/4} \quad \text{pour le cas d'une}$$

ébullition sur la surface d'un cylindre.

### 3.5 *Ébullition en film*

*DE : ébullition en film*

Dans cette zone de $\Delta T_{sat}$, toute la surface est recouverte par un film de vapeur stable : c'est le *régime d'ébullition en film,* pour lequel le flux augmente de façon monotone avec la surchauffe. Ceci est la conséquence de l'augmentation des transferts par conduction et/ou convection due aux forts gradients de température dans la couche de vapeur. Dans ce régime, le changement de phase s'effectue principalement à l'interface du film vapeur et non plus à la paroi. Pour ce cas, il existe plusieurs corrélations donnant le flux échangé qui dépendent de la géométrie, la plus utilisée, celle de l'ébullition sur la surface d'un cylindre horizontal :

$$Q_{film} = C_{film} \left[\frac{g.\lambda_v^3 \rho_v(\rho_L - \rho_v)\left[L_c + 0,4.\,C_{pv}(T_p - T_{sat})\right]}{\mu_v.D.(T_p - T_{sat})}\right]^{1/4} (T_p - T_{sat})$$

$C_{film} = 0,62$ pour les cylindres horizontaux et 0,67 pour les sphères.

Pour des valeurs de $\Delta T_{sat}$ élevées dépassant les 500°C, on note l'existence d'un flux de transfert par rayonnement se rajoutant au flux global $Q_{film}$ : $Q_{ray} = \varepsilon.\sigma.(T_p^4 - T_{sat}^4)$.

Avec $\sigma$ : constante de Stephan-Boltzman, $\sigma = 5,67.10^{-8}$ W/ m². K⁴.

*NB : Dans cette expression, les températures sont exprimées en K.*

Bromeley (1984) a déterminé la part de chaque type de transfert dans l'expression du flux total :

$$Q_{total} = Q_{film} + \frac{3}{4} Q_{ray}$$

## 4.  Exemples d'application

**Exemple 3**

Considérons un tank évaporateur d'eau doté d'une résistance électrique sous forme de plaque en Nikel (voir figure).

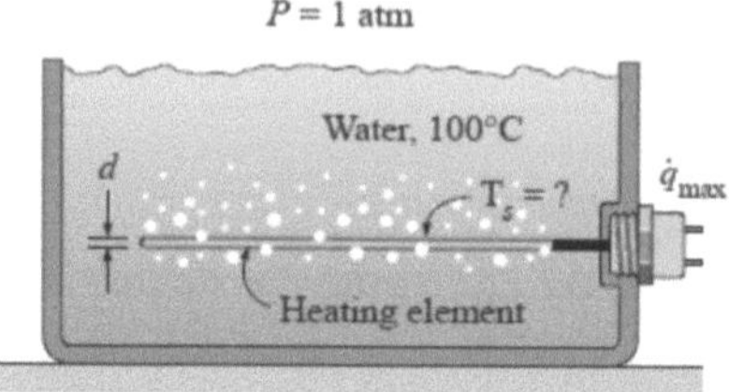


Déterminez le flux de chaleur maximal susceptible d'être transféré dans le cas d'une ébullition nucléé.

Calculez, dans ce cas, la température à la surface de la plaque.

*NB : Les pertes thermiques au niveau de la surface externe du tank sont négligeables.*

Données de l'eau et vapeur saturée à 1 atm et 100°C :

$$\rho_l = 957,9\ Kg/m^3\ , \rho_v = 0,6\ Kg/m^3, C_{pL}$$
$$= 4217\ j/Kg°C,\quad \mu_L = 0,282.\,10^{-3}Pa.\,s,$$

$$Pr_L = 1,75\ ,\qquad L_c = 2257.\,10^3 j/Kg$$

À une température de saturation de 100°C, la tension interfaciale vap/liq $\sigma = 0,0589$ N/m.

Pour une interaction eau/nickel $C_{sf} = 0,013\ et\ n = 1$ (voir tableaux précédents).

**Solution 3**

1-  Pour calculer le flux maximal dans le cas d'une plaque, on utilise la formule de N. Zuber (1958) :    $Q_{max} =$

$$C.\,L_c[\sigma.\,g.\,\rho_v{}^2(\rho_L - \rho_v)]^{1/4}\quad (W/m^2)$$

$$Q_{max} = 0,12 * 2257.\,10^3[0,0589 * 9,81$$
$$* 0,6^2(957,9 - 0,6)]^{1/4}$$

$$Q_{max} = 1,02.\,10^6 \; (W/m^2)$$

2-    Pour calculer la température au point C (lors du $Q_{max}$), on utilise la relation de Rohsenow pour l'ébullition nucléée :

$$Q_{Nucl\acute{e}e} = \mu_L.\,L_c \left[\frac{g.\,(\rho_L - \rho_v)}{\sigma}\right]^{1/2} \left[\frac{C_{pL}(T_p - T_{sat})}{C_{sf}.\,L_c.\,Re_L^n}\right]^3 \; (W/m^2)$$

$$1,02.\,10^6$$
$$= 0,282.\,10^{-3}$$

$$* \, 2257.\,10^3 \left[\frac{9,81 * (957,9 - 0,6)}{0,0589}\right]^{1/2} \left[\frac{4217 * (T_p - 100)}{0,013 * 2257.\,10^3 * 1,75}\right]^3$$

$$T_p = 119 \; °C$$

### Exemple 4

Considérons un évaporateur fonctionnant à P = 1 atm, à base d'un cylindre horizontal en cuivre de diamètre 5 mm et une émissivité de 0,05 (voir figure).

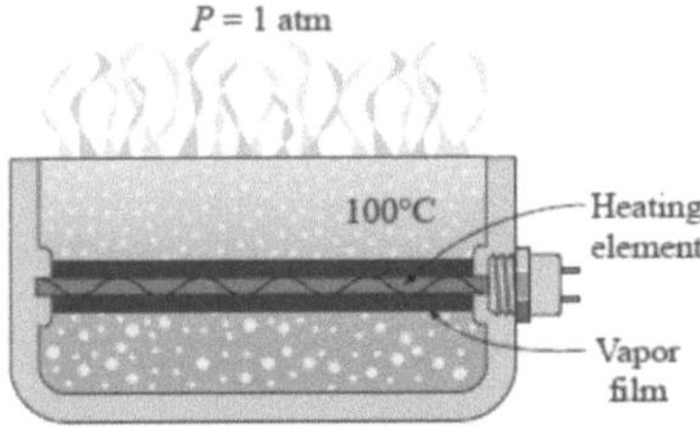


Si la température de la surface de chauffe (extérieur du cylindre) est de 350°C, calculez le flux de chaleur échangée entre l'eau et le cylindre de chauffe.

Propriétés de l'eau à saturation à 100°C :

$$\rho_l = 957,9 \; Kg/m^3 \, , L_c = 2257.\,10^3 j/Kg$$

Propriétés de la vapeur d'eau à la température du film $T_f$ :

$$T_f = (T_p + T_{sat})/2 = (100 + 350)/2 = 225°C = 498K$$

$$\rho_v = 0,441 \; Kg/m^3, \quad C_{pv} = 1977 \; j/Kg°C, \quad \mu_v$$
$$= 1,73.\,10^{-5} Pa.\,s, \qquad \lambda_v = 0,0357 \; W/m°C$$

## Solution 4

Calculons d'abord $\Delta T = T_p - T_{sat}$ pour se positionner sur la courbe des régimes d'ébullition et savoir lequel est adopté dans notre cas : $\Delta T = 350 - 100 = 250°C$

L'écart de température est important. En se référant à la courbe des régimes, on se retrouve avec une ébullition en film dans notre cas. Pour le calcul du flux, on peut donc utiliser la formule suivante :

$$Q_{film} = C_{film} \left[ \frac{g . \lambda_v^3 \rho_v (\rho_L - \rho_v) \left[ L_c + 0{,}4 . C_{pv} (T_p - T_{sat}) \right]}{\mu_v . D . (T_p - T_{sat})} \right]^{1/4} (T_p - T_{sat})$$

$$Q_{film} = 0{,}62 \left[ \frac{9{,}81 . 0{,}0357^3 * 0{,}441 * (957{,}9 - 0{,}441)[2257.10^3 + 0{,}4 * 1977 * (250)]}{1{,}73.10^{-5} . 5.10^{-3} . (250)} \right]^{1/4} * (250)$$

$$Q_{film} = 5{,}93.10^4 \ W/m^2$$

Le flux de radiation est calculé par la formule :

$$Q_{ray} = \varepsilon . \sigma . \left( T_p^4 - T_{sat}^4 \right)$$

$$Q_{ray} = 0{,}05 * 5{,}67.10^{-8} \left[ (250 + 273)^4 - (100 + 273)^4 \right]$$

$$Q_{ray} = 157 \ W/m^2$$

Le flux total est calculé par la formule :

$$Q_{total} = Q_{film} + \frac{3}{4} Q_{ray} = 5{,}93.10^4 + \frac{3}{4} * 157$$

$$Q_{total} = 5{,}94.10^4 \ W/m^2$$

Du flux, on peut calculer la chaleur :

$$q_{total} = S . Q_{total} = \pi . D . L . Q_{total}$$

$$= \pi * 0{,}005 * 1(m) * 5{,}94.10^4 \qquad q_{total} = 933 \ W$$

# Technologie des échangeurs de chaleur

## 1. Échangeurs tubulaires

### *1.1    Sélection des échangeurs tubulaires*

| Type | Caractéristiques | Emplois | Limites |
|---|---|---|---|
| Plaque tubulaire fixe | Les deux plaques tubulaires sont solidaires de la calandre. | Condenseurs, réfrigérants, rebouilleurs. | Différence maximale de température 100°C environ à cause de la dilatation. |
| Tête flottante<br><br><br>*pull through*<br><br><br>*split ring* | Le couvercle est amovible et laisse apparaître l'extrémité des tubes :<br>– la tête et la plaque tubulaire sont boulonnées ;<br>– la plaque tubulaire est flottante ; le faisceau tubulaire peut être ou non retiré. | Différence de température supérieure à 100°C. S'emploie avec des fluides sales. | Danger de fuites aux joints. Corrosion dans les parties flottantes. |
| Tubes en U | Une seule plaque tubulaire avec faisceau en U. Faisceau amovible. | Différence de température élevée. Dilatation importante. Fluides propres. | Danger de rupture des coudes par érosion aux vitesses élevées. Fluides dépourvus de particules. |
| Kettle | Rebouilleur à niveau liquide. Faisceau amovible du type en U ou à tête flottante. | Rebouillage ou évaporation côté calandre. Taux de vaporisation élevés 60 % pds. | Encombrement. Prix élevé. |
| Thermosiphon | Rebouilleur noyé à circulation naturelle[1] | Rebouilleur côté tubes : vertical. Rebouillage côté calandre : horizontal. | Taux de vaporisation faible : 35 à 40 % pds. |
| Double enveloppe | Tubes concentriques | Faible surface d'échange. Pression élevée. | Services analogues rendus par les tubes à ailettes. Encombrement et prix plus faibles. |

(1) Rebouilleur à circulation forcée : ajouter la pompe.

*(Source : IFP)*

## Comparaison des familles des échangeurs tubulaires

## *1.2 Appellations et désignations « TEMA »*

Étant donné leur large utilisation, ces appareils font l'objet d'une standardisation et normalisation de la procédure de conception ; la norme la plus couramment utilisée est le standard TEMA (*Tubular Exchanger Manufacturers Association*). TEMA est une norme américaine qui différencie les appareils multitubulaires en fonction des conditions de pression et températures en trois classes : Une classe A, rarement utilisée dans l'industrie, une classe B adoptée dans la majorité des cas et la classe R réservée aux échangeurs fonctionnant dans des conditions jugées très dures et inhabituelles du point de vue mécanique et environnemental (gaz toxiques par exemple).

Un échangeur TEMA est désigné par trois lettres représentant respectivement l'extrémité avant (celle dans laquelle entre le fluide qui circule dans les tubes), la calandre de l'appareil et l'autre extrémité de l'échangeur.

La figure de la page suivante montre les différentes désignations des extrémités et de calandres des échangeurs TEMA, la calandre étant l'enveloppe métallique de diamètre normalisé entourant le faisceau tubulaire.

Les standards TEMA permettent d'avoir les dimensions optimales de tubes et de calandres. Ces dimensions sont données en tenant compte des différents facteurs influençant le transfert (corrosion, adhérence…). Il existe d'autres normes permettant d'avoir des dimensions standardisées (exemple : norme anglaise British Standard ; noté BS 3274). Les dimensions standardisées sont généralement données en (*feet* et *inches*), dans le cadre de ce cours nous allons les exposer en équivalent SI.

L'échangeur à faisceau tubulaire en U requiert une attention particulière en raison de sa large utilisation industrielle. D'autant plus que pour des configurations de calandre plus complexes (ex : plusieurs calandres), on retrouve la configuration de tubes en U spécifique à chaque calandre. Cette configuration de tubes assure la simplicité de fabrication, la bonne efficacité d'échange et un minimum de pertes de charge.

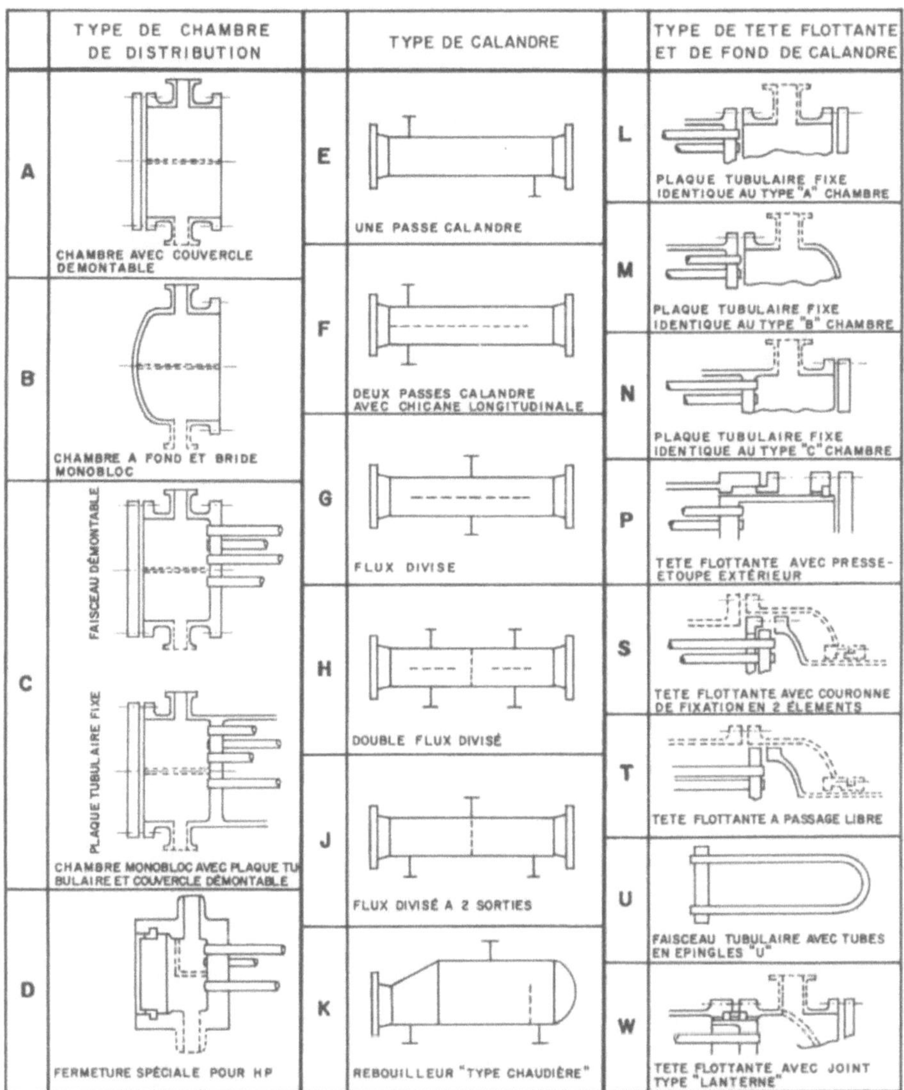



**Différentes désignations des extrémités et de calandres
des échangeurs tubulaires selon TEMA**

(source : Chemical Engineering Progress, 1998)

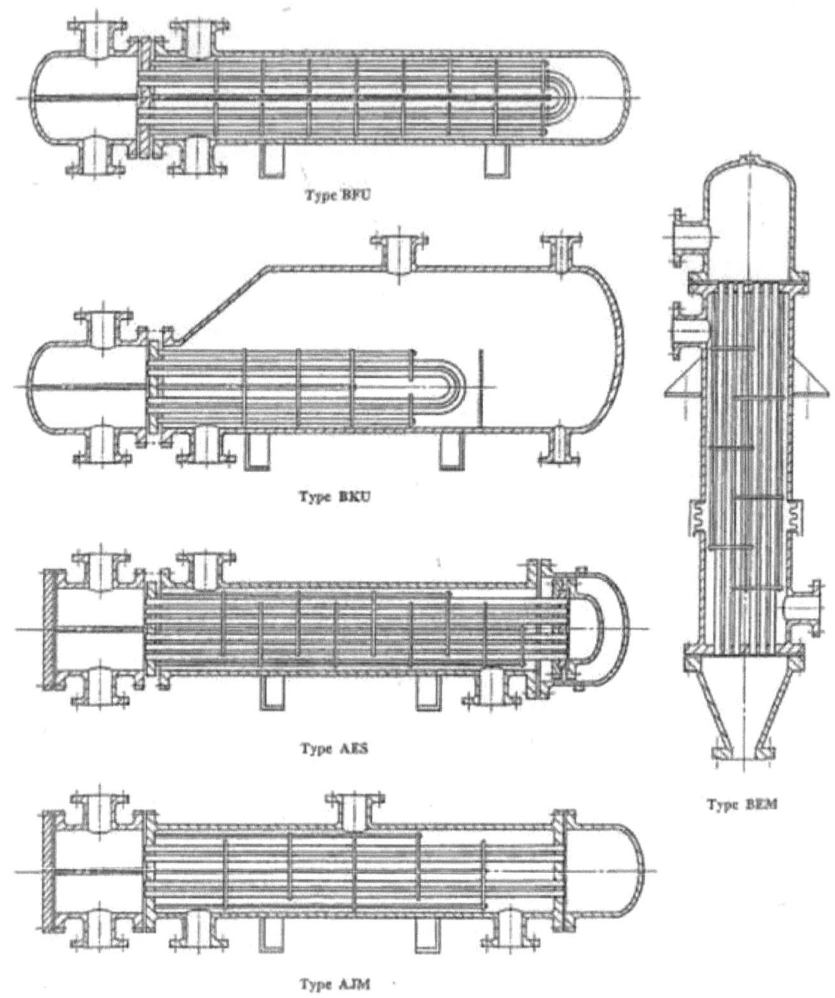


**Exemples de quelques échangeurs normalisés
avec désignation TEMA**

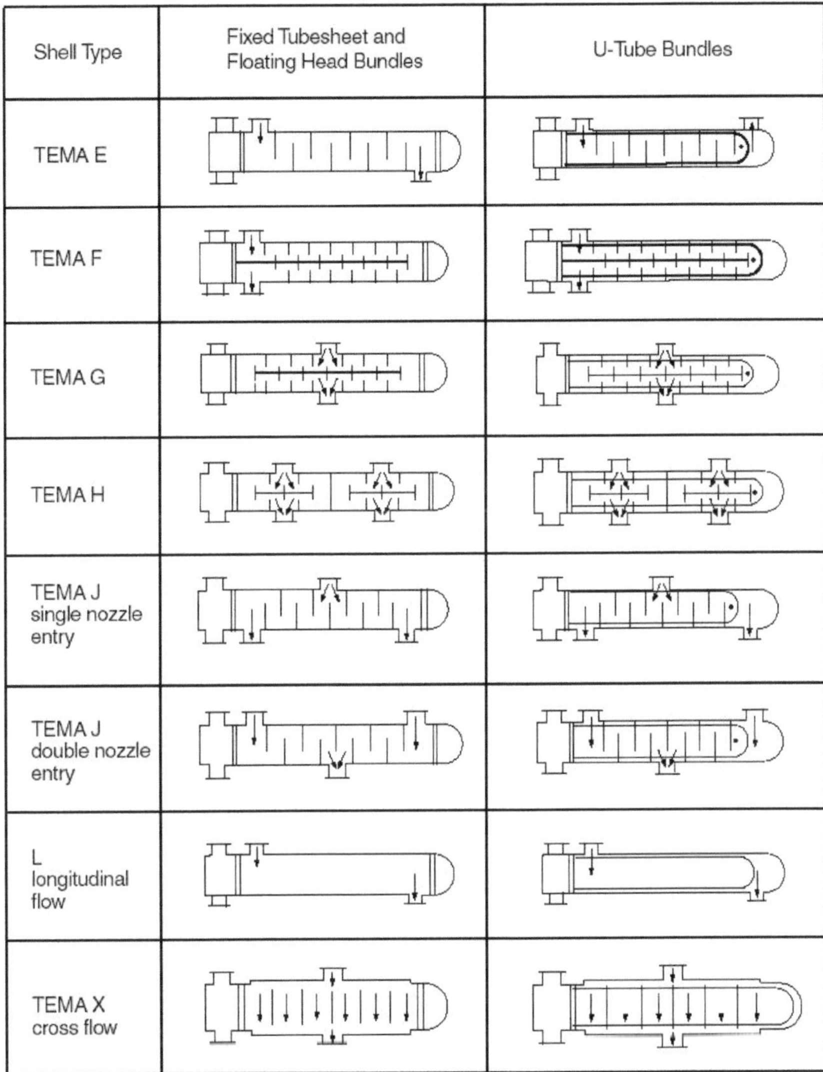


(Courtesy of Heat Transfer Research, Inc., College Station, Texas).

## Différents types de calandres et de têtes flottantes utilisables avec le faisceau en U

### Construction sur-mesure

Les problèmes de refroidissement ou de réchauffage pour lesquels Bloksma ne peut pas répondre avec sa gamme standard, peuvent être résolus avec un échangeur conçu sur mesure (Connu chez Bloksma sous le nom de type N). La construction de type mécano-soudée nous permet d'être très flexible dans le choix de la conception. Ces échangeurs spéciaux sont construits en utilisant le maximum de composants standards. Suivant les cas de figure, Bloksma utilise des tubes de faible diamètre (10 mm) ce qui permet d'obtenir une surface d'échange importante pour des dimensions relativement réduites. Bien entendu, des tubes de diamètres plus importants sont également possibles (12-14-16-20-25,4…)

Les échangeurs type N peuvent être fabriqués suivants différents codes de construction (par exemple CE (CODAP), TEMA, ASME (incl. U-Stamp), API), et peuvent être contrôlés par tout organisme notifié (Apave, Bureau Veritas, DNV, etc…) Les tubes sont dud-geonnés (déformation à froid) dans les plaques tubulaires, ce qui permet d'avoir une excellente liaison, aussi résistante et étanche qu'une soudure. Les échangeurs tubulaires spéciaux Bloksma peuvent être construits suivant trois modèles principaux, représentés sur la partie droite de cette page.

### Double-tube

L'échangeur à double-tubes (sécurité), un modèle spécifique, existant en type BEM et BEW, est utilisé lorsqu'il est absolument inacceptable que les deux fluides se mélangent en cas de fuite (par exemple dans le cas d'un transformateur électrique avec l'huile et l'eau de refroidissement), ou quand les fuites externes doivent être empêchées à tout prix pour des raisons environnementales.

Selon le type d'application, l'échangeur à double tubes peut être soit à basses ailettes externes (de façon à accroître la surface d'échange externe) soit à paroi externe lisse. La paroi interne de ces tubes est lisse. Dans le cas où un tube perce, la fuite est canalisée via des rainures situées entre le tube interne et le tube externe, et peut être détectée immédiatement.

La détection de fuite devient active seulement quand une fuite survient, mais bien avant que des dommages ne soient causés.

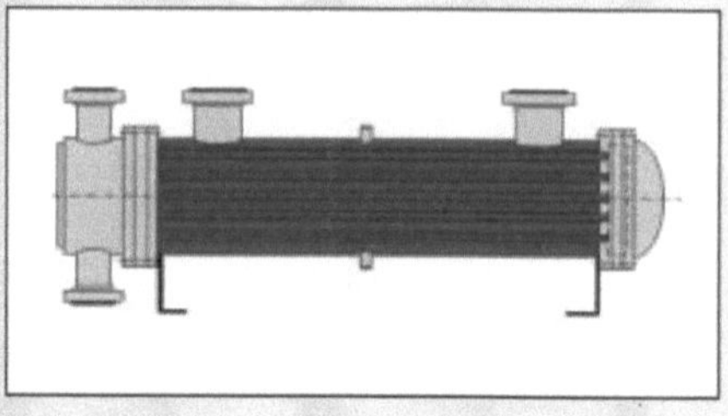

**BEW / AEW**

Faisceau démontable, constitué d'une plaque tubulaire fixe avec joints plats et une plaque tubulaire mobile avec double joints toriques. Existe en versions 1 ou 2 passes. Libre dilatation du faisceau sous l'effet des contraintes thermiques.

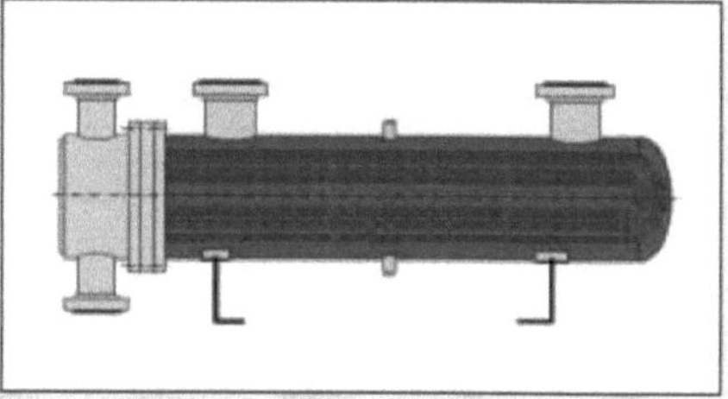

**BEU / AEU**

Faisceau démontable à tubes en U, étanchéité par joints plats. Existe en versions 2, 4, 6 ou 8 passes côté tubes. Libre dilatation du faisceau sous l'effet des contraintes thermiques.

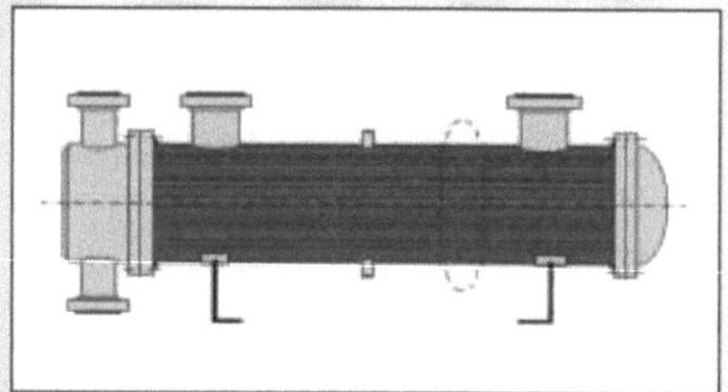

**BEM / AEM**

Plaques tubulaires fixes. Faisceau non démontable. Etanchéité par joints plats. En fonction des conditions de service et d'étude, possibilité de construction avec compensateur de dilatation. Existe en versions 1, 2, 3, 4… 8 passes côté tubes.

## Exemple de brochure industrielle
## illustrant les types d'échangeurs fabriqués

## 1.3    Considérations géométriques des faisceaux tubulaires

Les tubes se présentent dans l'échangeur TEMA sous deux configurations ligne (carré) ou quinconce définis par un pas (pitch) représentant la distance entre deux centres de tubes. Les pas standard les plus couramment utilisés sont 15/16, 19/16, 5/4 et 3/2 pouces et le rapport du pas au diamètre extérieur des tubes est généralement proche de 1,2.

### a. Diamètre et épaisseur des tubes

Les diamètres des tubes standards utilisés dans les échangeurs tubes et calandre TEMA varient de 16 à 50 mm. Ils sont donnés généralement en inches (pouces) (3/8,1/2,5/8,3/4,1, 1 ¼ et 1 ½ ). Des diamètres faibles de l'ordre de (16-25 mm, c'est-à-dire : 5/8,3/4 et 1) sont préférés pour un meilleur échange et pour une bonne compacité de l'appareil. Des tubes avec des diamètres importants (plus de 1 in) sont facilement désencrassés et sont souhaitables dans le cas des fluides incrustants. Il est cependant fortement déconseillé d'utiliser des tubes de faible diamètre (1/2, 3/8) pour des fluides encrassant en raison de l'augmentation de la perte de charge (détaillée ci-dessous) et la difficulté de nettoyage de l'appareil.

L'épaisseur des tubes est choisie en fonction de la pression interne et de l'agressivité (corrosion) du fluide circulant dans ces tubes ; les dimensions standardisées des épaisseurs sont données pour chaque matériau des tubes. La figure suivante présente les épaisseurs standards (épaisseurs correspondant pour chaque diamètre) selon la norme TEMA pour le cas des tubes en acier (acier normalisé non allié d'usage général de groupe 1 catégorie E et P).

| Diametre éxterne (mm) | Epaisseurs des tubes  (mm) | | | | |
|---|---|---|---|---|---|
| 16 | 1.2 | 1.6 | 2.0 | — | — |
| 20 | — | 1.6 | 2.0 | 2.6 | — |
| 25 | — | 1.6 | 2.0 | 2.6 | 3.2 |
| 30 | — | 1.6 | 2.0 | 2.6 | 3.2 |
| 38 | — | — | 2.0 | 2.6 | 3.2 |
| 50 | — | — | 2.0 | 2.6 | 3.2 |

Les longueurs les plus utilisées des tubes d'échangeur sont (1,83-2, 43-3, 66-4, 88-6, 10-7,32 m). Pour une surface d'échange donnée, l'utilisation des tubes de longueur importante permet de réduire le diamètre du calandre ; ce qui permet un appareil à faible coût. Ce dernier se réduit d'avantage pour des valeurs importantes de pression côté calandre. La valeur optimale correspondant au rapport de la longueur des tubes sur diamètre de calandre varie de 5 à 10.

La longueur et le diamètre font l'objet d'une estimation (suivant les standards) dans le cadre d'un algorithme de calcul itératif qui va mener au final à des valeurs optimales. De manière générale, une valeur de diamètre de 20 mm et une épaisseur de 2 mm présentent une bonne estimation pour initier le calcul itératif. Il est à noter que la longueur des tubes choisie est soumise à une diminution allant de 2 à 3 mm en raison des jonctions, des sertissages, des presses étoupes et des joints d'étanchéité installés aux extrémités du faisceau tubulaire.

*b. Configuration et espacement du faisceau tubulaire*

Les tubes d'un échangeur de chaleur peuvent présenter un arrangement équilatéral-triangulaire, carré ou circulaire :

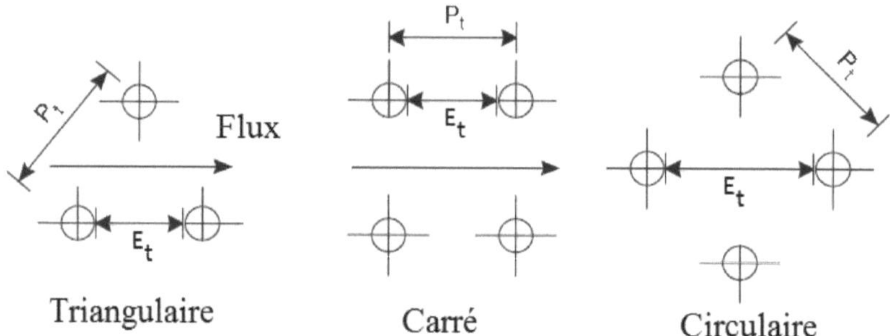


$P_t$ représente le pas tubulaire (pitch). $E_t$ est l'espacement entres tubes (clearance).

Les configurations triangulaires et circulaires permettent d'atteindre des efficacités d'échange importantes, cet avantage est confronté aux pertes de charge importantes que présentent ces deux configurations. La disposition carrée est la plus utilisée pour le cas des fluides encrassant ou le nettoyage mécanique s'avère obligatoire à l'extérieur des tubes. Pour une facilité de nettoyage, le pas tubulaire recommandé est de l'ordre de 1,25 fois le diamètre des tubes. Lorsqu'un minimum de la valeur du pas est recherché (sans prise en compte d'encrassement), la valeur 6,4 mm peut être adoptée et permet d'initier les calculs.

### c. *Longueur et nombre des tubes*

Fournis en longueur standard (par exemple: 1,83-2, 43-3, 66-4, 88-6, 10-7,32 m), ce qui permet aux échangeurs construits avec le standard TEMA ou BS 3274 d'avoir des tailles normalisées. Cependant, la longueur maximale d'un échangeur standard ne dépasse pas 7,32 m.

En fait, il s'agit de tubes particuliers en acier inoxydable de tailles normalises (BWG Birmingham Wire Gage). Ils sont désignés par le diamètre extérieur (en pouces) à la différence des tubes utilisés en tuyauterie désignés par un diamètre nominal. Le nombre édité par TEMA pour les BWG (ex : 10 12 14 16) représente l'épaisseur du tube qui dépend de la pression utilisée et d'une surépaisseur de corrosion qui est prise en compte. Le nombre des tubes d'un échangeur dépend du diamètre du faisceau tubulaire et du nombre de passe côté tube. La figure ci-contre présente les différentes configurations des passes côté tubes dans les chambres de distributions standardisées.

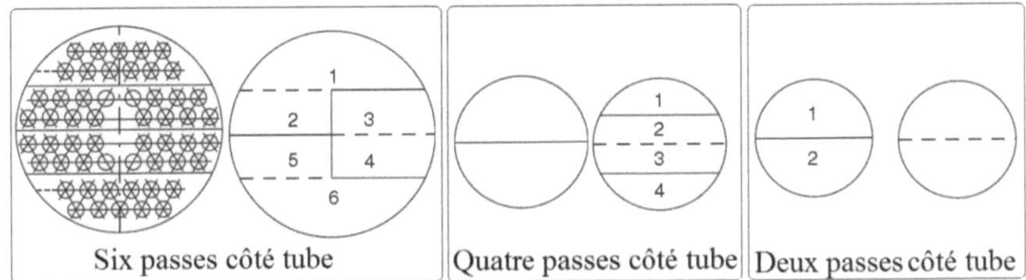


**Configuration des passes côté tubes**
**dans les chambres de distributions**

Une estimation du faisceau tubulaire est donnée par la formule empirique suivante :

$$N_t = K \left(\frac{D_f}{d_{ext}}\right)^n \qquad (Eq.\ 4.1)$$

$$D_f = d_{ext} \left(\frac{N_t}{K}\right)^{1/n} \qquad (Eq.\ 4.2)$$

avec :     $N_t$ : *Nombre de tubes,*

$D_f$ : *Diamètre du faisceau tubulaire en (mm)*

$d_{ext}$ : *Diamètre extérieur des tubes en (mm)*

$K, n$ : *Constantes expérimentales dont les valeurs sont standardisées en fonction du nombre de passes, de la configuration et pas tubulaires (Fig.).*

*Pas tubulaire triangulaire*   $p_t = 1.25\, d_{ext}$

| No. passes | 1 | 2 | 4 | 6 | 8 |
|---|---|---|---|---|---|
| $K$ | 0.319 | 0.249 | 0.175 | 0.0743 | 0.0365 |
| $n$ | 2.142 | 2.207 | 2.285 | 2.499 | 2.675 |

*Pas tubulaire carré*   $p_t = 1.25\, d_{ext}$

| No. passes | 1 | 2 | 4 | 6 | 8 |
|---|---|---|---|---|---|
| $K$ | 0.215 | 0.156 | 0.158 | 0.0402 | 0.0331 |
| $n$ | 2.207 | 2.291 | 2.263 | 2.617 | 2.643 |

Les formules précédentes sont obtenues à travers des corrélations réalisées sur les dimensions standards des tubes. Cet avantage leur permet une large application dans le dimensionnement des échangeurs tubulaires, sans avoir recours aux tables de dimensions standards.

*d. Diamètre de calandre*

Le diamètre de calandre doit être choisi de sorte à épouser parfaitement la taille du faisceau tubulaire ce qui permettra d'éviter les chemins préférentiels du fluide dans la calandre. L'espacement entre l'extrémité du faisceau tubulaire et la calandre est un paramètre important. En plus de son utilité dans l'écoulement externe (côté calandre), il permet, en pratique, de faciliter le démontage et l'isolation de la calandre. L'espacement entre faisceau tubulaire et calandre dépend du type de l'échangeur, du diamètre, du faisceau tubulaire et de la configuration des boites de jonction. La figure suivante présente l'espacement standardisé entre faisceau tubulaire et calandre en fonction du type de boite de jonction et du diamètre du faisceau tubulaire.

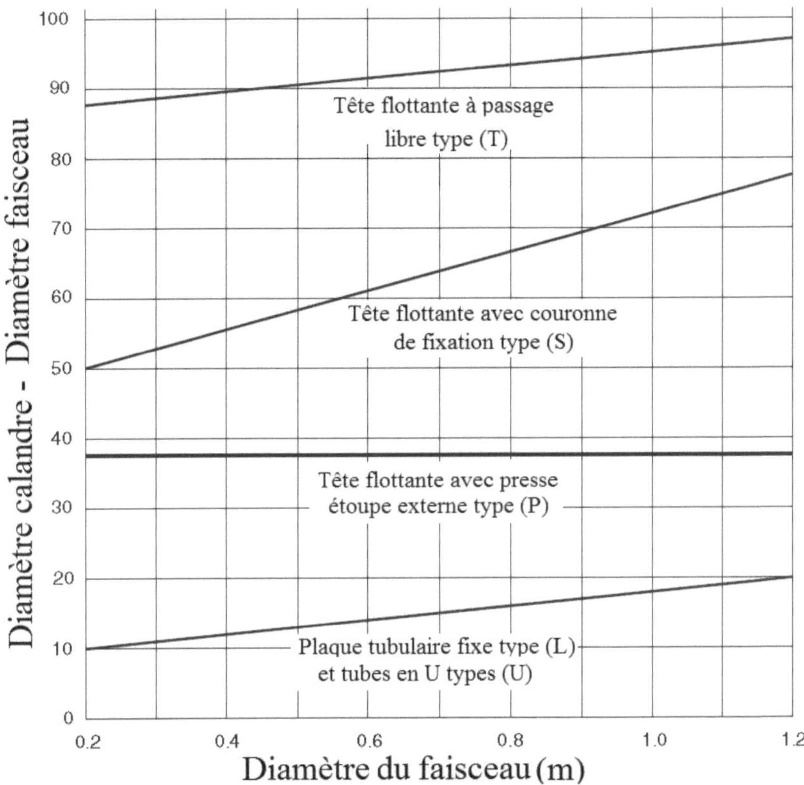


### e. Les chicanes séparatrices

Ce sont des pièces métalliques, généralement sous forme de disque épousant radialement la forme de la calandre, dotées de trous laissant place au faisceau tubulaire et possédant une ouverture de forme spécifique pour le passage du fluide côté calandre. Les chicanes séparatrices ont essentiellement deux rôles :

- augmenter la vitesse du fluide,
- augmenter la rigidité du faisceau de tubes pour éviter les phénomènes de vibration,

L'augmentation de la vitesse du fluide permet d'augmenter le coefficient de transfert de chaleur si l'échange se fait sans changement de phase (ce qui favorise l'échange). On peut donc resserrer les chicanes et diminuer le pourcentage d'ouverture. Par contre, cela entraine une augmentation de la perte de charge pour le fluide circulant dans la calandre, ce qui peut être contraire aux objectifs recherchés. Il s'agira donc de trouver le bon compromis entre l'ouverture de chicanes et la perte de charge admissible (supportée par le métal de calandre).

Industriellement la chicane la plus utilisée est celle comprenant un seul segment (voir figure).

Le terme *buffle cut* ou ouverture des chicanes est utilisé pour spécifier la géométrie de la chicane, il désigne le degré d'ouverture des segments ; il est exprimé en pourcentage de vide du disque de la chicane.

L'ouverture de chicane varie de 15 à 45 %. Généralement, une valeur d'ouverture de 20 à 25 % présente un optimum assurant un meilleur transfert avec une perte minimale en pression. L'espacement entre chicanes est habituellement pris entre 0,3 et 0,5 diamètre de calandre.

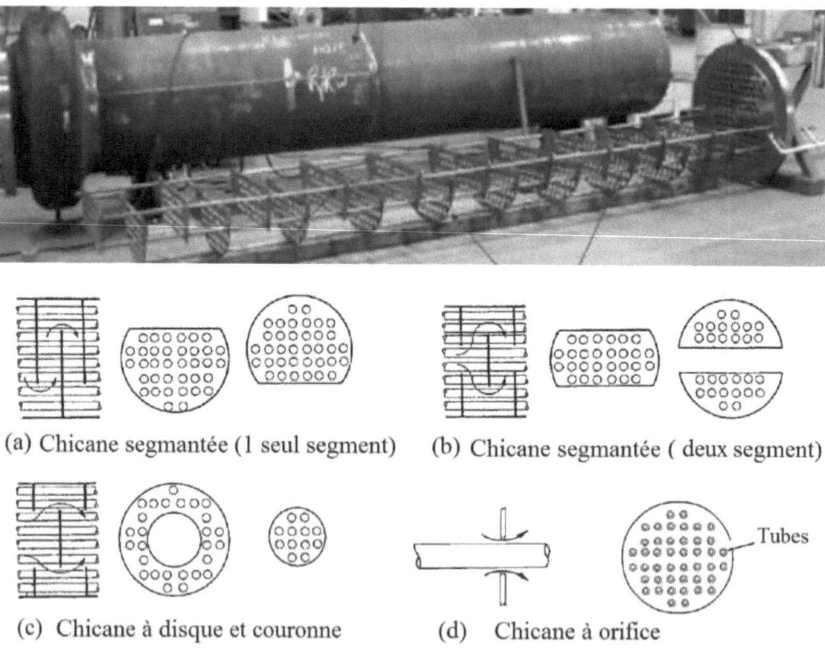

(a) Chicane segmantée (1 seul segment)     (b) Chicane segmantée ( deux segment)

(c) Chicane à disque et couronne     (d) Chicane à orifice



**Types de chicanes installées dans les échangeurs tubulaires**

*f. Pertes de charge dans les échangeurs tubulaires*

La perte de charge est une variable importante dans le design des appareils d'échange ; elle joue un rôle important dans l'efficacité d'échange. En règle générale, plus $\Delta P$ est importante plus le coefficient global est important. Cependant, une valeur élevée de $\Delta P$ implique une vitesse d'écoulement importante du fluide ; cette dernière peut conduire à des dysfonctionnements liés à l'érosion, les vibrations et la détérioration des équipements, l'intervalle de vitesse recommandé pour les échangeurs est 0.1 m/s < $V_{liq}$< 2.5-3 m/s. C'est dans ce cadre qu'une perte de charge prise à sa valeur idéale conduit à un design optimal de l'échangeur assurant ainsi efficacité, économie et viabilité.

Dans plusieurs applications, la perte de charge allouée à la zone de passage de chaque fluide est imposée par les conditions de fonctionnement. Elle peut varier de quelques millibars pour des systèmes sous vide, à plusieurs bars pour des systèmes d'échange pressurisés. Lorsque l'ingénieur est libre de choisir la perte de charge convenable, une étude économique peut être conduite dans le but de déterminer le design de l'échangeur le moins cher en tenant compte des coûts d'investissement (appareil ; *capital cost*) et les coûts de pompage. Cependant, cette analyse économique n'est généralement avantageuse que dans le cas des échangeurs de grande taille présentant un coût d'achat élevé. Dans le cas courant, les valeurs de pertes de charges suggérées par les industriels des échangeurs sont utilisables, elles permettent de donner des résultats de design proches des valeurs optimales.

> ➢ ***Pertes de charges admissibles pour les liquides***

Viscosité $< 1\,N.m\,(s/m^2)$ ; $\Delta P_{admissible} = \mathbf{0.35\,Kg/cm^2}$ entre 1 et $\mathbf{10\,N.m}$, $\Delta P_{admissible}$ entre 0,5 et 0,7 kg/cm².

> ➢ ***Pertes de charges admissibles pour les gaz***

Cas d'un appareil fonctionnant à vide extrême : 0,004 kg/cm²

Cas d'un appareil fonctionnant à vide intermédiaire : 0,1* pression absolue de travail.

De 1 à 2 bars : 0,5* pression gaugée (pression relative de fonctionnement).

Plus que 10 bars : 0.1* pression gaugée.

*NB : la pression absolue correspond à la pression mesurée par rapport au vide alors que la pression relative est celle mesurée par rapport à la pression atmosphérique ambiante.*

Pour un échangeur à faisceaux et calandre, la perte de charge augmente proportionnellement en augmentant le nombre de passes côté tube. Généralement, pour un nombre de tubes fixé et une circulation à deux passes côté tube, $\Delta P$ demeure inférieur à $\Delta P_{admissible}$. Cela n'est pas le cas dans le cadre d'une circulation à 4 passes côté tubes, où l'on est habituellement contraint de corriger le design par le choix de tubes standardisés de diamètre plus grand (la taille au-dessus) pour rabaisser $\Delta P$.

Le tableau de la page suivante illustre les résultats de design optimal de deux cas de figure (cas A et B).

- **Les pertes de charge dans les tubes sont calculées par la formule :**

$$\Delta P = N_P \left[ 8.j_f . \left( \frac{L}{d_i} \right) \left( \frac{\mu}{\mu_{paroi}} \right)^{-m} + 2,5 \right] \frac{\rho.v^2}{2} \qquad \textit{(Eq. 4.3)}$$

avec :

$\Delta P$ : Pertes de charges dans les tubes en Pa (N/m²)

$N_P$ : Nombre de passes côté tubes.

$v$ : Vitesse du fluide dans les tubes en m/s.

$L$ : Longueur des tubes.

$d_i$ : Diamètre interne des tubes.

$m$ : Paramètre dépendant de $Re$ ;

$m = 0,25$ pour un écoulement laminaire $Re < 2100$

$m = 0,14$ pour un écoulement turbulent $Re > 2100$

$j_f$ : Facteur de friction, évalué par l'abaque de la page suivante.

|                                                      | Case A            | Case B            |
|------------------------------------------------------|-------------------|-------------------|
| Shell I.D., mm                                       | 925               | 780               |
| Tube O.D. × Number of tubes × Number of tube passes  | 25 × 500 × 2      | 20 × 540 × 2      |
| Heat-transfer area, m²                               | 343               | 300               |
| Tube pitch × Tube layout angle                       | 32 × 90°          | 26 × 90°          |
| Baffle type                                          | Single-segmental  | Single-segmental  |
| Baffle spacing, mm                                   | 450               | 400               |
| Baffle cut, percent of diameter                      | 25                | 30                |
| Velocity, m/s                                         |                   |                   |
| Shellside                                            | 1.15              | 1.52              |
| Tubeside                                             | 1.36              | 2.17              |
| Heat-transfer coefficient, kcal/h·m²·°C              |                   |                   |
| Shellside                                            | 2,065             | 2,511             |
| Tubeside                                             | 1,285             | 1,976             |
| Pressure drop, kg/cm²                                |                   |                   |
| Shellside                                            | 0.86              | 1.2               |
| Tubeside                                             | 0.17              | 0.51              |
| Resistance, %                                        |                   |                   |
| Shellside film                                       | 17.24             | 15.84             |
| Tubeside film                                        | 27.71             | 21.14             |
| Fouling                                              | 50.35             | 57.66             |
| Metal wall                                           | 4.69              | 4.87              |
| Overdesign                                           | 8.29              | 4.87              |

**Source : American Institute of Chemical Engineering,** *R. Mukherjee*, "Effectively Design Shell-and-Tube Heat Exachangers," *Chemical. Engineering Progress*, February 1998**.**

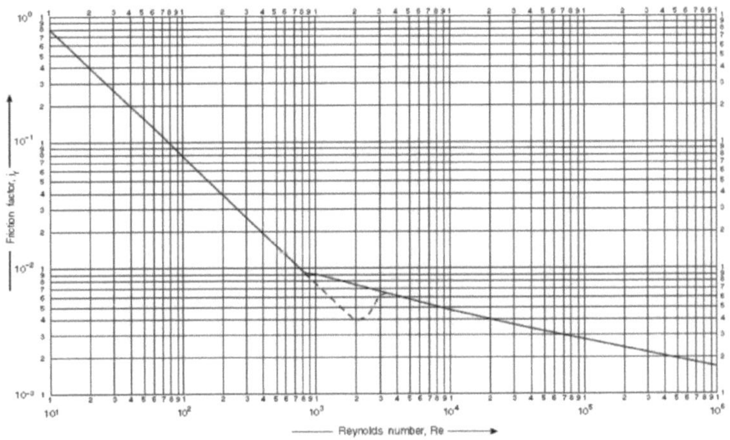


**Facteur de friction dans les tubes en fonction de Re**

- **Les pertes de charges dans la calandre sont calculées par la corrélation suivante :**

$$\Delta P = 8.\,j_f.\left(\frac{L}{E_c}\right)\left(\frac{D_c}{D_e}\right)\left(\frac{\rho.v^2}{2}\right)\left(\frac{\mu}{\mu_{paroi}}\right)^{-0.14} \qquad (Eq.\ 4.4)$$

avec :     L : Longueur des tubes.

$E_c$ : Espacement entre chicanes.

$D_c$ et $D_e$ sont respectivement le diamètre de calandre et le diamètre équivalent.

Le calcul de $D_e$ dépend de la configuration des tubes dans la calandre :

- pour une configuration carrée, on obtient la relation suivante :

$$D_{eq} = \frac{4*\left(\frac{p_t^2 - \pi.d_i^2}{4}\right)}{d_i} = \frac{1,27}{d_i}\left(p_t^2 - 0,785.\,d_i^2\right) \qquad (Eq.\ 4.5)$$

- or, pour une configuration triangulaire, on applique la formule :

$$D_{eq} = \frac{4*\left(\frac{p_t}{2}.0,87.p_t - \frac{1}{2}.\pi\frac{d_i^2}{4}\right)}{\frac{\pi.d_i}{2}} = \frac{1,10}{d_i}\left(p_t^2 - 0,917.\,d_i^2\right) \qquad (Eq.\ 4.6)$$

$j_f$ : Facteur de friction de la calandre évalué par l'abaque suivante :

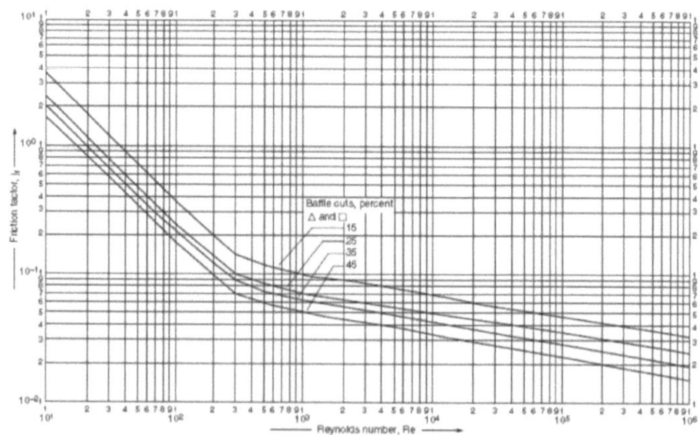


**Facteur de friction dans la calandre en fonction de Re**

Pour une manipulation informatique (programme), il est souvent plus commode de transformer la courbe en une fonction. Pour le cas du facteur de friction côté calandre nous avons :

- Baffle cut 15 %    :

$$Pour \quad 10^1 < Re < 3.10^2 : j_F = 30,936\, Re^{-0,946}$$

$$Pour \quad Re > 3.10^2 : j_F = 0,3161\, Re^{-0,166} \qquad (Eq.\ 4.7)$$

- Baffle cut 25 %

$$Pour \quad 10^1 < Re < 3.10^2 : j_F = 20,635\, Re^{-0,934}$$

$$Pour \quad Re > 3.10^2 : j_F = 0,2108\, Re^{-0,16} \qquad (Eq.\ 4.8)$$

*(mise en équation réalisée par l'étudiante Marie-Thérèse Amanda Santos dans le cadre de son stage de PFA 2012)*

## 2. Échangeurs à plaques

### Unité

| | |
|---|---|
| Surface maximale d'échange | 1 540 m² |
| Nombre maximal de plaques | Jusqu'à 700 |
| Diamètre maximal des orifices | Jusqu'à 39 cm |

### Plaques

| | |
|---|---|
| Épaisseur | De 0,5 à 1,2 mm |
| Surface d'une plaque | De 0,03 à 2,2 m² |
| Espacement entre deux plaques | De 1,5 à 5 mm |
| Points de contact | 20 point par 1,5 cm²<br>Dépend du type et de la configuration des plaques |

### Conditions opératoires

| | |
|---|---|
| Pression de travail | De 1 à 15 bar |
| Température | De -40 à 260°C |
| Vitesse par canal (entre plaques) | Peut atteindre 5 m/s |
| Débit par canal | De 0,05 à 12,5 m³/h |
| Débit maximal par fluide | 2 500 m³/h<br>P peut spécialement atteindre 20 bar pour des joints en caoutchouc traités (de même que la vitesse) |

**Performances**

| | |
|---|---|
| Différence de T entre fluides | Atteint 1°C |
| Chaleur récupérée | Dépasse 90 % |
| Coefficient global | De 3 000 à 5 000 W/m²°C |
| NUT | De 0,4 à 4 |
| Perte de charge optimale | 0,3 bar par UT |

# 3. Condenseurs industriels

## 3.1  Condenseurs à air

*Condenseurs statiques* : l'air circule librement autour de la calandre du condenseur, par convection naturelle. Ce sont les serpentins, souvent noirs, qui se situent à l'arrière des réfrigérateurs ménagers ou des congélateurs.

*Condenseurs ventilés* : l'air circule à travers le condenseur de manière forcée par l'action d'un ventilateur. On parle alors de ventilo-condenseur. Ce sont les mécanismes les plus utilisés dans le cas des climatisations. Deux types de condenseurs industriels sont généralement utilisés : faisceaux horizontal et vertical. Le coefficient global d'échange des condenseurs à air à convection forcée est habituellement compris entre 20 et 30 W/m².°C.

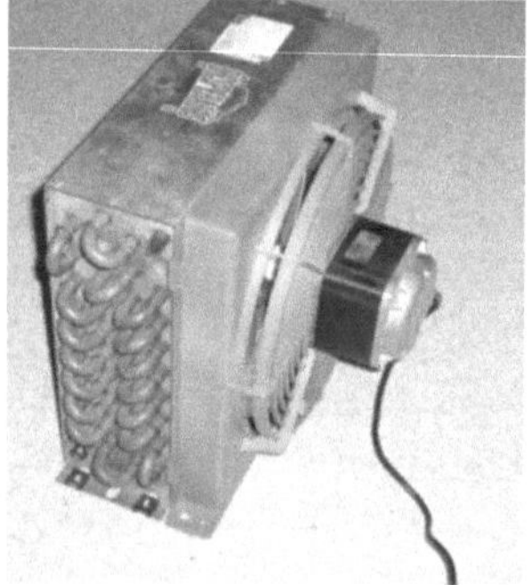

**Condenseurs à faisceaux horizontaux et verticaux**

## 3.2 *Condenseurs à eau*

Ce sont des condenseurs dans lesquels le fluide réfrigérant est refroidi par de l'eau dans un échangeur. L'eau et le fluide réfrigérant sont strictement hermétiques et indépendants. On trouve ce type de condenseurs généralement sur les groupes frigorifiques à eau glacée et sur les pompes à chaleur air/eau ou eau/eau.

## 3.3 *Condenseur coaxial*

Cet échangeur est composé de deux tubes superposés enroulés en spirale. Le fluide réfrigérant circule dans le tube central tandis que l'eau circule dans le second tube extérieur. Les deux fluides circulent à contre-courant afin que l'échange soit le plus efficace possible. Le condenseur coaxial est un concept dépassé, qui présente un mauvais rendement et nécessite de gros échangeurs. Il convenait surtout aux groupes frigorifiques fonctionnant au R22, un fluide frigorigène attaquant la couche d'ozone et qui est désormais totalement interdit.

## 3.4 *Condenseur bouteille*

Cet échangeur est composé d'un réservoir dans lequel passe le fluide frigorigène et au sein duquel a été installé un serpentin qui contient l'eau de refroidissement. Là encore, les deux fluides circulent à contre-courant pour une meilleure efficacité d'échange. Ce système est surtout utilisé dans les climatisations automobiles.

### 3.5   *Condenseur tubulaire ou multitubulaire*

Ce type d'échangeur est principalement réservé à l'industrie car réservé aux grosses puissances. Des tubes sont placés en grands nombres horizontalement, soudés à chaque bout au niveau des deux viroles, séparant la partie fluide frigorigène de l'eau. L'eau circule à l'intérieur des tubes tandis que le fluide frigorigène se condense autour dans le réservoir extérieur, « la calandre ». Ce type de condenseur présente l'avantage d'être démontable et de pouvoir être nettoyé mécaniquement.

## 3.6    *Condenseurs industriels de grande taille*

*Exemple : les tours de refroidissement*

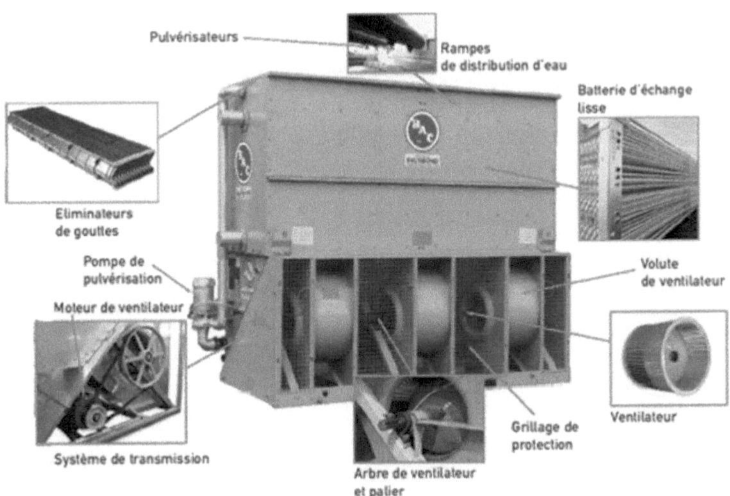

## 4.  Bouilleurs

Les bouilleurs sont des échangeurs de chaleur spécifiques dédiés à la production de vapeur. Le but est de vaporiser un mélange de liquides ou un mélange de liquides et solides, d'où leur autre appellation évaporateurs. Ils trouvent leurs applications dans les industries des procédés et surtout dans les opérations de séparation tel que la distillation, l'absorption/ désorption, l'extraction ... .

Les bouilleurs les plus utilisés dans l'industrie sont de type faisceau et calandre.  Cependant la vapeur peut être produite dans les tubes, ou à l'extérieur de la zone d'échange (zone de détente).

### *4.1   Bouilleur Kettle*

Kettle est un échangeur constitué de faisceaux tubulaires installés dans une calandre surdimensionnée. Un débordement au niveau du liquide côté calandre assure l'immersion des tubes dans ce liquide et par conséquent l'échange. L'immersion est généralement de l'ordre de 5 à 15 cm par rapport au plus haut tube du faisceau tubulaire et le rapport d'espacement de tubes de leur diamètre est compris entre 1,5 et 2. Le bouilleur Kettle a l'avantage de garder une température du fluide côté calandre uniforme en raison de l'évaporation qui se produit essentiellement par détente (forme et taille de calandre). Cet avantage permet à cet échangeur d'être efficace et économique pour un fonctionnement à faible et moyenne pressions 1-10 bar.

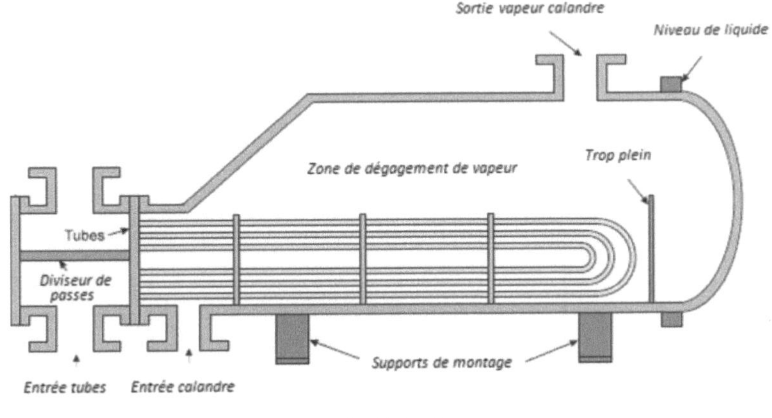


## 4.2    *Bouilleur concentrateur vertical à circulation forcée*

Cet échangeur évaporateur est basé sur la recirculation par pompage du mélange à séparer. L'alimentation passe par les tubes de l'échangeur tubulaire et échange la chaleur avec la vapeur qui circule dans la calandre. Le mélange est ensuite acheminé dans une zone de séparation dans laquelle le liquide (ou produit) descend par gravité et reprend son cycle de concentration. Cet appareil existe aussi sous d'autres configurations :

- Configuration verticale de l'échangeur.
- Configuration verticale ou horizontale de l'échangeur sans recirculation (sortie direct des produits en un seul cycle).
- Configuration verticale ou horizontale de l'échangeur avec recirculation naturelle (sans pompage). Dans ce cas, il est appelé rebouilleur thermosiphon.

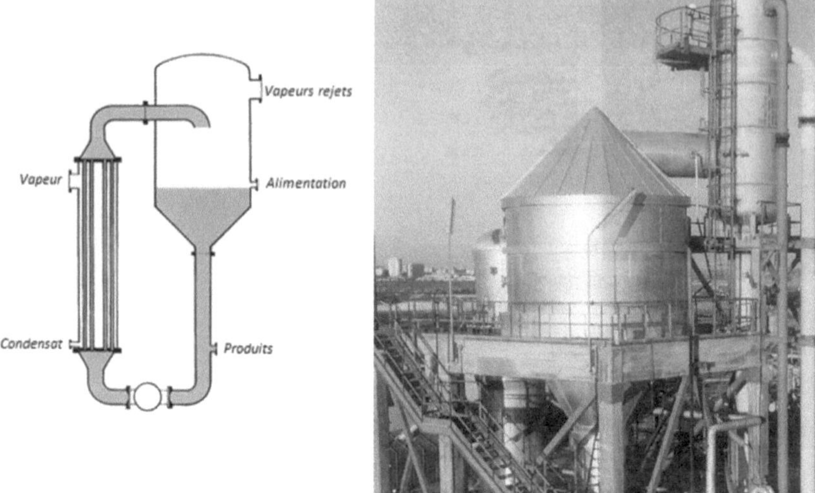


**Concentrateur pour acide phosphorique purifiée**

## 4.3    Bouilleur à compression mécanique (circulation forcée des vapeurs)

Dans ce cas, il n'y a pas de circulation du mélange à séparer. Cependant, les vapeurs dégagées au niveau de la zone de séparation sont mélangées avec la vapeur de chauffe. Le mélange est ainsi comprimé pour alimenter l'échangeur de chaleur via sa calandre.

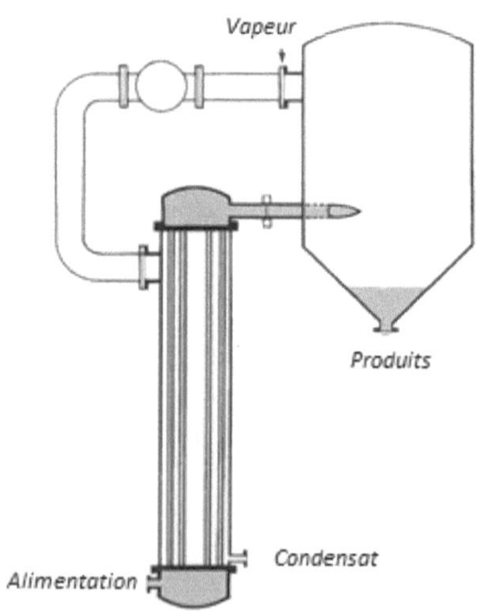

### *4.4 Bouilleur à film tombant type Kestner*

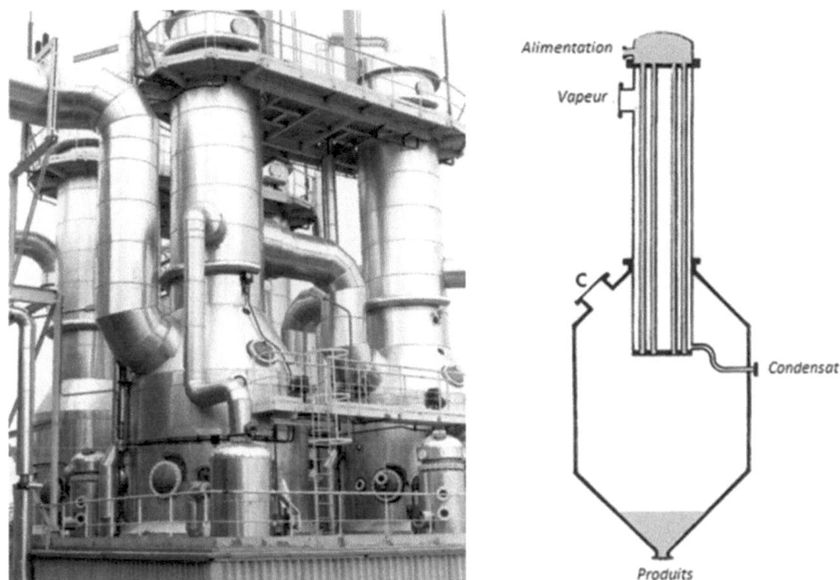


## 5. Algorithme de choix des bouilleurs / évaporateur

Pour un choix judicieux d'un appareil de rebouillage (bouilleur ou évaporateur), plusieurs critères doivent être pris en compte. Bohuslav *et al.* (2009) propose un algorithme adéquat (Bohuslav *et al.* Software application for supporting of CAE in process engineering. Automated choice of suitable reboiler type. Chem. Eng. Transaction 18, 821-826 (2009).

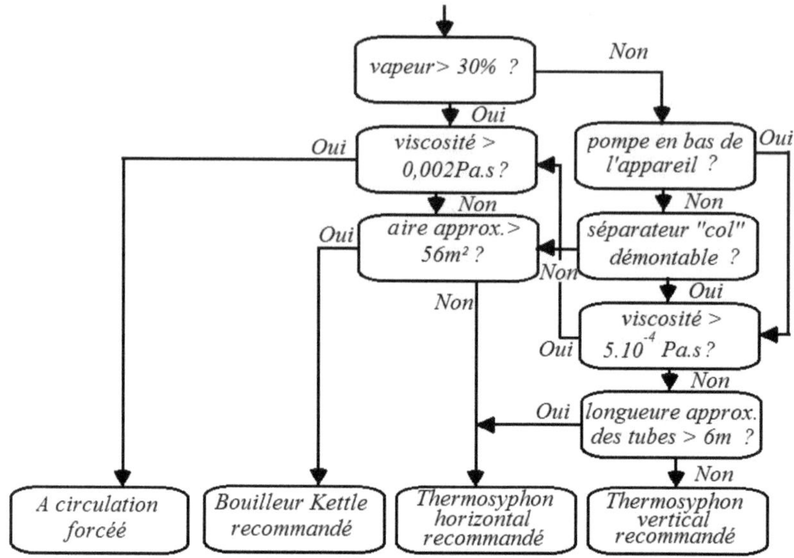
vapeur> 30% ?
Non
Oui
viscosité >
0,002Pa.s ?
Oui
pompe en bas de
l'appareil ?
Oui
Non
Non
aire approx.>
56m² ?
Oui
séparateur "col"
démontable ?
Non
Non
Oui
viscosité >
5.10⁻⁴ Pa.s ?
Oui
Non
longueure approx.
des tubes > 6m ?
Oui
Non
A circulation
forcéé
Bouilleur Kettle
recommandé
Thermosyphon
horizontal
recommandé
Thermosyphon
vertical
recommandé

# Performances et calcul
# des échangeurs de chaleur

Plusieurs critères sont à considérer pour le dimensionnement d'un échangeur selon son utilisation. La puissance thermique est toujours la principale préoccupation, mais le choix définitif de l'appareil peut dépendre d'autres paramètres tels que la surface d'échange, la température de la paroi à ne pas dépasser, l'encombrement, les matériaux utilisés, etc. On note, dans ce cadre, l'existence de deux approches de calcul :

- Les méthodes numériques : étant donné leur puissance de calcul, elles permettent de tenir compte de la majorité des phénomènes mis en jeu. Ces méthodes offrent la possibilité de calcul des paramètres de design grâce à l'élaboration de modèles spécifiques prenant en compte la nature de l'écoulement (exemple : volumes finis).
- Les méthodes analytiques globales : telles que la méthode de l'écart moyen logarithmique DTML ou la méthode de l'efficacité-NUT.

Les méthodes globales de calcul restent, malgré leurs limitations (Hypothèses, paramètres, calculs…), un outil d'ingénieur efficace et rapide pour le calcul des échangeurs. Elles offrent l'accès à plusieurs paramètres de fonctionnement, tels que la surface d'échange, les températures des fluides sortants, le flux échangé…. Cependant, pour des analyses de conception géométriques, les deux méthodes citées plus haut peuvent coexister dans un même algorithme de calcul. L'objectif est de bénéficier des avantages des deux méthodes et d'offrir à l'ingénieur la possibilité de manipuler davantage de variables du système ; ce qui facilitera l'optimisation du fonctionnement et la précision du dimensionnement.

> ***Hypothèses de calcul***
- Régime permanent et pas de génération ni d'accumulation de chaleur.
- L'échange de chaleur se situe entre les deux fluides au sein de l'échangeur sans pertes thermiques (échangeur adiabatique).

- Les propriétés physico-chimiques des fluides en question sont supposées constantes dans l'intervalle de températures étudiées.
- Les pertes de charge dans l'échangeur sont négligeables et l'échange est unidirectionnel dans le sens de l'écoulement (pas d'échange radial dans les fluides).

Les figures suivantes présentent un schéma des configurations contre-courant et co-courant.

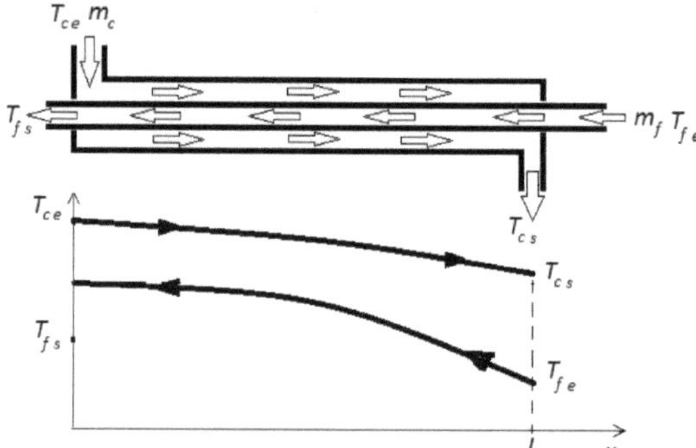


**Échangeur mono passe co-courant**

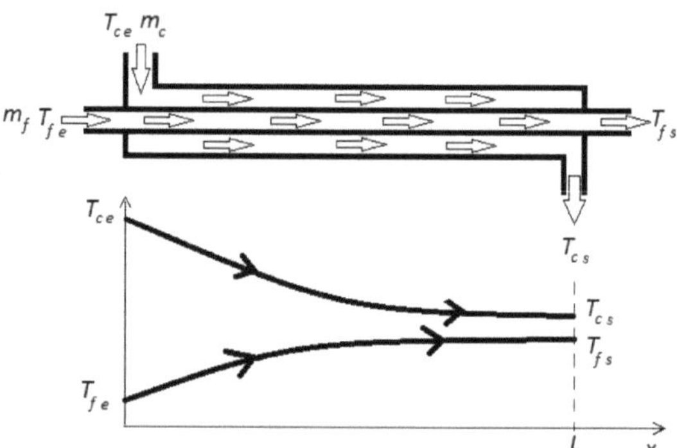


**Échangeur mono passe contre-courant**

$$\boxed{\textbf{Données du problème}}$$

- Les débits $m_c$, $m_f$ et les capacités calorifiques à pression constantes $C_{pc}$ et $C_{pf}$ des fluides chaud et froid.
- Les températures d'entrées $T_{ce}$ et $T_{fe}$ des fluides chaud et froid.
- Le coefficient global d'échange global U de l'échangeur donné par le constructeur ou calculé à la base des résistances thermiques vues précédemment, en tenant compte de la conduction, convection et encrassement.

L'objectif est de déterminer les performances de l'échangeur, ce qui revient à calculer les températures de sortie des fluides chaud et froid et le flux de chaleur échangé dans l'appareil.

## 1. Méthode de différence de température moyenne logarithmique DTML

### 1.1  Cas d'un échangeur mono passe co-courant

Pour un échangeur à co-courant les flux de chaleur échangés dans l'appareil sont: $Q_c$ et $Q_f$

Pour le fluide chaud, on a : $dQ_c = m_c.\,C_{pc}.\,dT_c$.

De même que pour le froid :  $dQ_f = m_f.\,C_{pf}.\,dT_f$.

Le flux échangé dans l'appareil, noté Q s'écrit : $dQ = dQ_f = -dQ_c$

On aura donc le système suivant :

$$dQ = m_c.\,C_{pc}.\,dT_f$$

$$dQ = -m_f.\,C_{pf}.\,dT_f$$

$$dQ = U.\,dS.\,(T_c - T_f) \qquad \textit{(Eq. 5.1)}$$

D'après ce système, il est possible de déduire des  deux premières équations, les expressions suivantes :

$$dT_c = -\frac{dQ}{m_c.C_{pc}} \quad \text{et} \quad dT_f = \frac{dQ}{m_f.C_{pf}} \qquad \textit{(Eq. 5.2)}$$

Ces expressions peuvent être combinées pour obtenir la soustraction suivante :

$$dT_c - dT_f = d(T_c - T_f) = -dQ \left( \frac{1}{m_c.C_{pc}} + \frac{1}{m_f.C_{pf}} \right) \qquad (Eq.\ 5.3)$$

La substitution de cette expression dans la dernière équation du système, ci-dessus, permet d'obtenir l'équation différentielle décrivant l'écart de température $T_c - T_f$ en fonction de la surface S.

$$d(T_c - T_f) = U.\,dS.\,(T_c - T_f) \left( \frac{1}{m_c.C_{pc}} + \frac{1}{m_f.C_{pf}} \right) \qquad (Eq.\ 5.4)$$

Ou aussi : $\dfrac{d(T_c-T_f)}{(T_c-T_f)} = -U.\left( \dfrac{1}{m_c.C_{pc}} + \dfrac{1}{m_f.C_{pf}} \right) dS$ $\qquad (Eq.\ 5.5)$

Le coefficient global U et les capacités calorifiques sont constants le long de l'appareil d'échange (hypothèses). L'intégration de l'équation précédente donne :

$$\int_0^x \frac{d(T_c - T_f)}{(T_c - T_f)} = \int_0^x -U.\left( \frac{1}{m_c.\,C_{pc}} + \frac{1}{m_f.\,C_{pf}} \right) dS$$

$$\ln \left[ \frac{T_c(x) - T_f(x)}{T_{ce} - T_{fe}} \right] = -U.\left( \frac{1}{m_c.\,C_{pc}} + \frac{1}{m_f.\,C_{pf}} \right) S(x)$$

Ou encore :

$$\frac{T_c(x)-T_f(x)}{T_{ce}-T_{fe}} = \exp\left[ -U.\left( \frac{1}{m_c.C_{pc}} + \frac{1}{m_f.C_{pf}} \right) S(x) \right] \qquad (Eq.\ 5.6)$$

Cette équation montre que l'écart de température entre les deux fluides est une fonction exponentielle inversement proportionnelle à la surface d'échange S(x). L'écart tend vers zéro lorsque la surface $S \to \infty$.

L'équation précédente est valable pour tout x.

Cependant pour une longueur L et en appliquant

$$Q = -m_c.\,C_{pc}(T_{cs} - T_{ce}) = m_f.\,C_{pf}(T_{fs} - T_{fe}),\ \text{on aura :}$$

$$\ln\left[\frac{T_{cs}-T_{fs}}{T_{ce}-T_{fe}}\right] = -U.\,S.\left( \frac{1}{m_c.C_{pc}} + \frac{1}{m_f.C_{pf}} \right) = -\frac{U.S}{Q}\left( (T_{ce} - T_{cs}) + \right.$$

$$\text{Tfs} - \text{Tfe} = U.SQTcs - Tfs - Tce - Tfe \qquad (Eq.\ 5.7)$$

Une écriture plus commode permet l'expression suivante du flux pour un échangeur à co-courant:

$$Q = U.S \frac{\left(T_{cs} - T_{fs}\right) - \left(T_{ce} - T_{fe}\right)}{ln\left[\dfrac{T_{cs} - T_{fs}}{T_{ce} - T_{fe}}\right]} = U.S.DTLM$$

Ou aussi :
$$Q = U.S.DTLM \qquad (Eq.\ 5.8)$$

avec :
$$DTLM = \frac{(T_{cs}-T_{fs})-(T_{ce}-T_{fe})}{ln\left[\dfrac{T_{cs}-T_{fs}}{T_{ce}-T_{fe}}\right]} \qquad (Eq.\ 5.9)$$

(DTLM : différence de température logarithmique moyenne)

Dans le cas d'un échangeur mono passe, nous obtenons une valeur de DTLM $\cong \Delta T_{Arithmétique} = \dfrac{\Delta T_e - \Delta T_s}{2}$. Cependant, lorsque la configuration de l'échangeur est plus complexe, DTLM remplace la moyenne arithmétique qui s'avère plus précise pour représenter la force motrice du flux de chaleur échangée.

### 1.2 Cas d'un échangeur mono passe à contre-courant

Pour un échangeur à contre-courant, le même raisonnement est adopté et permet d'avoir l'expression de la DTLM :

$$Q = U.S.DTLM = U.S.\frac{(T_{cs}-T_{fe})-(T_{ce}-T_{fs})}{ln\left[\dfrac{T_{cs}-T_{fe}}{T_{ce}-T_{fs}}\right]} \qquad (Eq.\ 5.10)$$

> ### Expression générale de DTLM

Ainsi, il est possible de généraliser l'expression : pour tout échangeur de chaleur quelque soit sa configuration, le flux de chaleur peut se calculer par la méthode de DTLM :

$$DTLM = \frac{(T_c - T_f)_1 - (T_c - T_f)_2}{\ln\frac{(T_c - T_f)_1}{(T_c - T_f)_2}} \qquad (Eq.\ 5.11)$$

$(T_c - T_f)_1$ et $(T_c - T_f)_2$ représentent respectivement les différences de température des fluides à l'entrée et à la sortie de l'échangeur.

Ainsi, la résolution du problème impose la connaissance des températures de sortie des deux fluides chaud et froid. Pour contourner cette limitation, une seconde méthode de calcul des performances des échangeurs est utilisée, elle introduit le paramètre d'efficacité.

## Résumé

La différence de température logarithmique moyenne peut s'écrire pour les deux cas (co-courant et contre-courant) :

$$DTLM = \frac{\Delta T_e - \Delta T_s}{Ln\left(\frac{\Delta T_e}{\Delta T_s}\right)}$$

Avec $\Delta T_e$ qui représente la différence de températures des fluides à l'entrée de l'échangeur, et $\Delta T_s$ la différence des températures des deux fluides en sortie de l'appareil.

A contre-courant :
$$T_{2S}$$
$$\Delta T_S = T_{1S} - T_{2e}$$

A co-courant : $\Delta T_e = T_{1e} -$
$$\Delta T_e = T_{1e} - T_{2e}$$
$$\Delta T_S = T_{1S} - T_{2S}$$

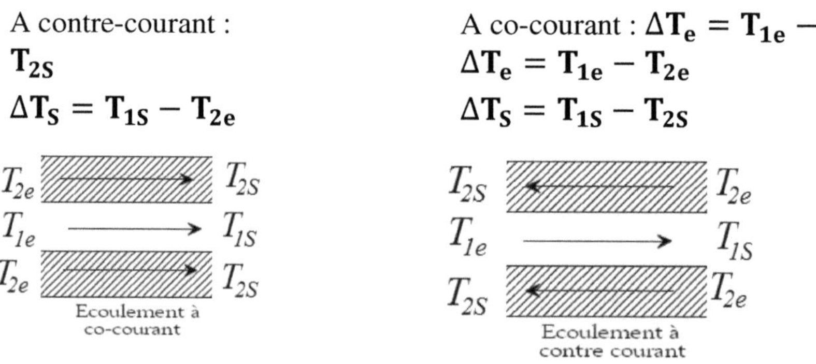

## Exemple

Une tonne par heure d'huile s'écoule dans un tube pour être refroidie de 100 à 40°C par de l'eau liquide dont les températures d'entrée et de sortie sont respectivement de 20 et de 40°C. Le coefficient global d'échange U est de 300 W/m²°C.

Données des deux fluides :

Eau : $\rho = 992 \, Kg/m^3$, $C_p = 4185 \, j/Kg°C$

Huile : $\rho = 902 \, Kg/m^3$, $C_p = 1520 \, j/Kg°C$

Calculer l'air d'échange requis à contre-courant et co-courant.

## Solution

La chaleur échangée :

$$Q = m_c . C_{pc} . (T_{ce} - T_{cs}) = \frac{1000.1520.(100 - 40)}{3600}$$

$$= 25333 \, W$$

A contre-courant : $Q = U.S.\text{DTLM} = U.S.\dfrac{\Delta T_e - \Delta T_s}{\text{Ln}\left(\frac{\Delta T_e}{\Delta T_s}\right)}$

Soit : $25333 = 300.S.\dfrac{(40-20)-(100-40)}{\text{Ln}\left(\frac{40-20}{100-40}\right)}$

Donc : $S = 23{,}2 \, m^2$

A co-courant : $25333 = 300.S.\dfrac{(40-40)-(100-20)}{\text{Ln}\left(\frac{40-40}{100-20}\right)} \cong 0$

Dans ce cas, nous devons disposer d'une aire d'échange infinie, ce qui montre que le co-courant est moins efficace que le contre-courant.

## Exemple

Un échangeur de chaleur mono-passe fonctionnant à contre-courant est utilisé pour refroidir un lubrifiant d'une turbine à gaz de 100 à 60°C. L'eau de refroidissement entre par le centre du tube à 30°C (figure ci-dessous). Les débits respectifs d'eau et du lubrifiant sont respectivement de 0,2 et 0,1 kg/s. Le diamètre de la zone de passage d'eau est de 25 mm et celui du lubrifiant est 45 mm. Calculez la longueur requise de l'appareil.

## Données des fluides

Propriétés du lubrifiant à une température moyenne de 80°C :
$$C_p = 2131\ j/Kg°C,$$

$$\mu = 3,25 * 10^{-2}\ Kg/m.s\ ,\ \lambda = 0,138\ W/m.°C$$

Propriétés de l'eau à une température moyenne de 35°C : $C_p = 4178\ j/Kg°C,$

$$\mu = 725 * 10^{-6}\ Kg/m.s\ ,\ \lambda = 0,625\ W/m.°C,$$

$$Pr = \frac{\mu * C_p}{\lambda} = 4,85.$$

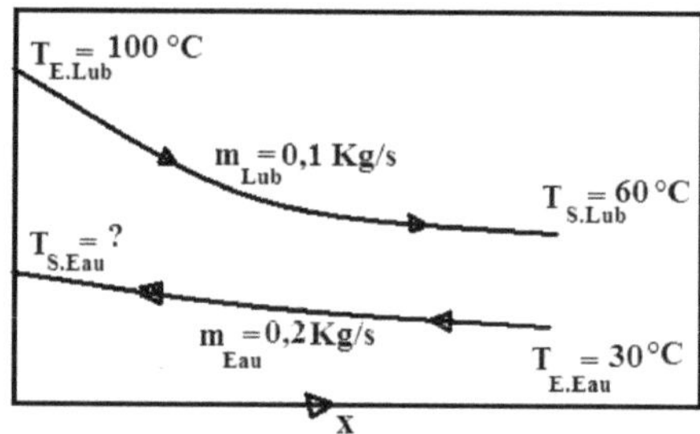


## Hypothèses

- Résistance thermique du métal du tube négligeable.
- Pas de pertes thermiques vers l'extérieur.
- Propriétés constantes et coefficient global ne dépendent pas de la longueur

## Corrélations utilisables pour le calcul de Nusselt

Mc Adams pour un régime turbulent :
$$Nu = 0,023 * Re^{0,8} * Pr^{0,4}$$

Colburn pour un régime laminaire :

$$Nu = 0{,}023. \, Re^{0{,}8}. \, Pr^{0{,}33}$$

$$\boxed{\text{Solution}}$$

Le bilan de chaleur relatif au fluide chaud (lubrifiant) permet de calculer la chaleur cédée par le chaud et reçu par le froid. Par conséquent, la détermination de la température de sortie de l'eau :

$$Q = m_{Lub}. \, C_{p.Lub}. \, (T_{E.Lub} - T_{S.Lub}) = 0{,}1 * 2131 * (100 - 60)$$
$$= 8524 \, W$$

La température de sortie de l'eau est donc :

$$Q = m_{Eau}. \, C_{p.Eau} * (T_{S.Eau} - T_{E.Eau})$$

$$T_{S.Eau} = \frac{Q}{m_{Eau}. \, C_{p.Eau}} + T_{E.Eau} = \frac{8524}{0{,}2 * 4178} + 30 = 40{,}2°C$$

Pour le calcul de la longueur de l'échangeur, nous avons recours à la chaleur échangée dans l'appareil calculée sur la base de la DTLM :

$$Q = U.S. \, \text{DTLM} = U.S. \frac{\Delta T_e - \Delta T_s}{\text{Ln}\left(\frac{\Delta T_e}{\Delta T_s}\right)} = U.S. \frac{(100 - 40{,}2) - (60 - 30)}{\text{Ln}\left(\frac{100 - 40{,}2}{60 - 30}\right)}$$
$$= U * S * 43{,}2$$

S, surface d'échange (interface entre les deux fluides) : $S = \pi * D_{Eau} * L$

Calcul du coefficient d'échange U et de ces composantes $h_{Eau}$ et $h_{Lub}$ :

$$U = \frac{1}{1/h_{Eau} + 1/h_{Lub}}$$

> ***Calcul de $h_{Eau}$***

$$R_{Eau} = \frac{\rho * D_{H.Eau} * V}{\mu} = \frac{\rho * V * D_{H.Eau} * S}{\mu * S} = \frac{m_{Eau} * D_{H.Eau}}{\mu * S}$$

L'eau s'écoule via une section circulaire (S), le diamètre hydraulique côté eau est donc : $D_{H.Eau} = D_{Eau}$

$$R_{Eau} = \frac{m_{Eau} * D_{H.Eau}}{\mu * S} = \frac{m_{Eau} * D_{Eau}}{\mu * \frac{\pi * D_{Eau}^2}{4}} = \frac{4 * m_{Eau}}{\pi * \mu * D_{Eau}} = \frac{4 * 0,2}{\pi * 725 * 10^{-6} * 0,025}$$

$$= 14050$$

Le régime est turbulent, la corrélation de Mac Adams peut donc être utilisée :

$$Nu_{Eau} = 0,023 * Re_{Eau}^{4/5} * \text{Pr}^{0,4}$$

$$Nu_{Eau} = 0,023 * (10,050)^{4/5} * (4,85)^{0,4} = 90$$

Donc :
$$h_{Eau} = \frac{Nu_{Eau} * \lambda_{Eau}}{D_{Eau}} = \frac{90 * 0,625}{0,025} = 2250 \ \text{W/m}^2.°\text{C}$$

> ### Calcul de $h_{Lub}$

Pour le lubrifiant il s'agit écoulement annulaire compris entre deux sections définies par $D_{Eau} \ et \ D_{Lub}$. Dans ce cas, le diamètre hydraulique peut se calculer de manière rapprochée par $D_{H.Lub} = D_{Lub} - D_{Eau} = 0,02 \ m$

De même que $R_{Eau}$, $R_{Lub}$ peut être calculé suivant l'expression :

$$R_{Lub} = \frac{D_{H.Lub} * \rho * V_{Lub} * S}{\mu * S} = \frac{m_{Lub} * (D_{Lub} - D_{Eau})}{\mu * \left(\frac{\pi * D_{Lub}^2}{4} - \frac{\pi * D_{Eau}^2}{4}\right)}$$

$$= \frac{4 * m_{Lub} * (D_{Lub} - D_{Eau})}{\pi * \mu * (D_{Lub}^2 - D_{Eau}^2)}$$

$$R_{Lub} = \frac{4 * m_{Lub} *}{\pi * \mu * (D_{Lub} + D_{Eau})} = \frac{4 * 0,1}{\pi * 3,25 * 10^{-2} * (0,025 + 0,045)} = 56$$

Le régime est laminaire dans la section annulaire, la corrélation de Colburn peut être appliquée pour le calcul de Nusselt (section annulaire).

$$Nu_{Lub} = 0,023 . Re_{Lub}^{0,8} . Pr_{Lub}^{0,33}$$

$$Nu_{Lub} = 0,023 * 56^{0,8} * \left(\frac{3,25 * 10^{-2} * 2131}{0,138}\right)^{0,33} = 4,48$$

$$h_{Lub} = \frac{Nu_{Lub} * \lambda}{(D_{Lub} - D_{Eau})} = \frac{4,48 * 0,138}{0,02} = 30,9 \ \text{W/m}^2.°\text{C}$$

Le coefficient global s'écrit donc :

$$U = \frac{1}{1/2250 + 1/30,9} = 30,48 \text{ W/m}^2.°C$$

La longueur est calculée par l'équation de chaleur intervenant DTLM :

$$Q = U.S.\text{DTLM} = 30,48 * \pi * D_{Lub} * L * 43,2 = 8524\ W$$

$$L = \frac{8524}{43,2 * 30,48 * \pi * 0,025} = 82,5\ m$$

### *1.3  Extrapolation de l'utilisation de DTLM à un échangeur quelconque*

Les relations établies dans le cas des échangeurs à double tube ne peuvent pas être utilisées directement pour des échangeurs à faisceau et calandre. Cependant, d'autres formes complexes de différence de température sont développées pour les échangeurs à courant croisé et les échangeurs multi-passes. Dans tous les cas complexes, l'expression de la différence de température peut être exprimée en fonction de la DTML. Finalement, pour la quasi-totalité des cas étudiés, la différence de température à utiliser s'obtient en multipliant **la DTML d'un échangeur mono passe à contre-courant** relative aux deux extrémités de l'appareil par un facteur correctif $F$.

$$DTLM_{\text{échangeur quelconque}} = F.DTLM_{\text{échangeur mono passe}}$$

**Ainsi, on aura un flux échangée s'écrivant sous la forme :**

$$Q = U.S.F.DTLM \qquad (Eq.\ 5.12)$$

*Dans ce cas, DTLM se calcule en fonction de la configuration de l'échangeur (co-courant ou contre-courant)*

$F$ mesure la déviation de la différence de températures par rapport à la DTLM d'un  tubulaire à contre-courant. Les valeurs de $F$ sont données pour plusieurs cas d'échangeurs étudiés expérimentalement. Ainsi, des corrélations de calcul et des abaques de calcul de $F$ sont disponibles en littérature. Le facteur $F$ dépend de la géométrie de l'échangeur et des températures d'entrée et de sortie des fluides chauds et froids.

Les abaques disponibles en littérature pour le calcul de **F** utilisent deux coefficients (**P** et **R**) pour la prise en compte des températures d'entrée et de sortie des deux fluides.

$$R = \frac{T_1 - T_2}{t_2 - t_1} = \frac{\text{Difference de T de fluide côté calcndre}}{\text{Difference de T de fluide côté Tube}}$$

$$P = \frac{t_2 - t_1}{T_1 - t_1} = \frac{\text{Difference de T de fluide côté Tube}}{\text{Difference de T maximale dans l'échangeur}}$$

Le facteur F est inférieur à 1 dans le cas des échangeurs à courants croisés et multitubulaire. Il est égal à 1 pour un échangeur monotubulaire à contre-courant. La détermination du facteur correctif impose la conaissance des differentes températures d'entrée et de sortie des fluides en question.

Les valeurs du coefficient **P** varie de 0 jusqu'à 1, alors que celles de **R** varient de 0 à l'infinie. **R = 0** correspond au cas d'un changement de phase (ébullition ou évaporation) du côté calandre. **R** $\rightarrow \infty$ correspond au cas d'un changement de phase du côté des tubes. Cependant pour ces deux cas limite **F = 1,** ce qui implique une valeur de **F = 1** pour les évaporateurs et les condenseurs.

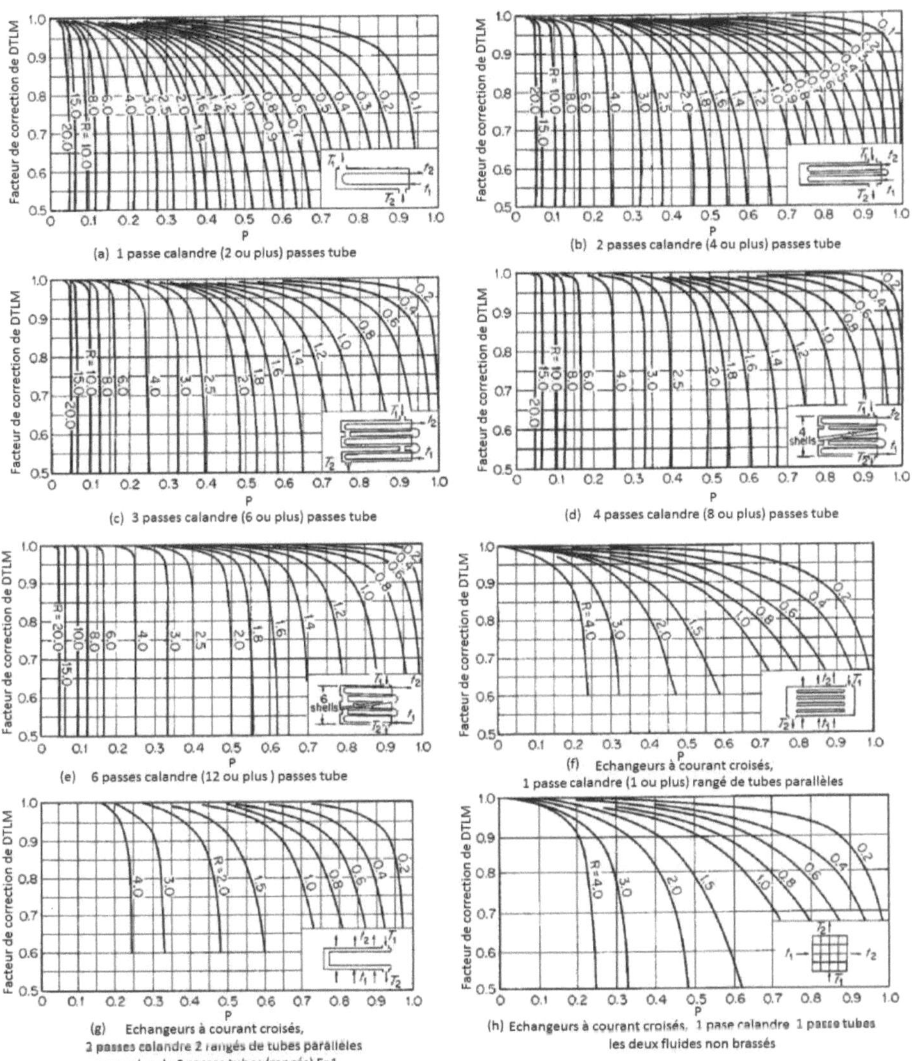



## Abaques pour la détermination du facteur de correction de DTLM pour differentes configurations d'échangeurs

*NB : lorsque le calcul de P et de R conduit à des valeurs ne figurant pas dans les abaques, nous avons recours à la conversion suivante : F(P.R) = F(P.R.1/R), permettant ainsi des valeurs de P et de R utilisables dans les abaques pour le calcul de F.*

## Exemple

Un échangeur (de type 2 passes côté calandre, 4 passes côté tube (2-4)) est utilisé pour chauffer la glycérine de 20°C à 50°C par de l'eau chaude entrant à travers les tubes à paroi mince de 2cm de diamètre à 80°C pour sortir à 40°C (Fig.). La longueur totale des tubes dans l'échangeur est de 60 m. Les coefficients de convection du côté de la calandre (glycérine) et du côté tubes (eau) sont respectivement 25 W/m².°C et 160 W/m².°C.

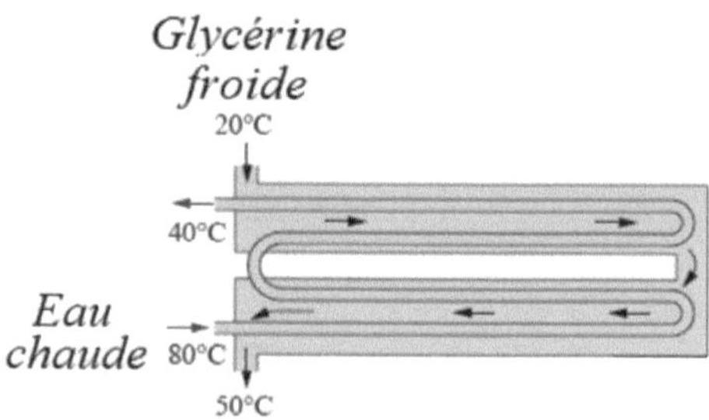


> ➢ Déterminez le flux de chaleur échangée dans l'appareil dans les deux cas de figure :

1- Échangeur propre (avant tout encrassement).

2- Après une durée de fonctionnement provoquant un facteur d'encrassement à la surface externe des tubes de l'ordre de $6.10^{-4} m^2 °C/W$

Hypothèses de calcul permettant l'utilisation des abaques et des formules établies en cours :

- Régime de fonctionnement permanant.
- L'échangeur est isolé, les pertes sont ainsi négligeables ; la chaleur totale cédée par le fluide chaud est entièrement récupérée par le fluide froid.
- Coefficients de transferts et facteur d'encrassement constant.

## Solution

Les tubes sont à parois minces, ce qui permet de négliger leurs épaisseurs et considérer les deux surfaces interne et externe égales. Cependant le choix de la surface d'échange devient évident :

$$S = \pi * D * L = \pi * 0,02 * 60 = 3,77 \; m^2$$

Le flux de chaleur échangée dans l'appareil s'écrit :

$$Q = U * S * F * DTLM$$

F étant le facteur de correction de DTLM.

Pour la détermination de DTLM, deux différences de température sont à calculer :

$$\Delta T_1 = T_{ce} - T_{fs} = 80 - 50 = 30°C$$

$$\Delta T_2 = T_{cs} - T_{fe} = 40 - 20 = 20°C$$

$$DTLM = \frac{\Delta T_1 - \Delta T_2}{Ln(\Delta T_1 / \Delta T_2)} = \frac{30 - 20}{Ln(30/20)} = 24,7°C$$

Et :

$$P = \frac{t_2 - t_1}{T_1 - t_1} = \frac{40 - 80}{20 - 80} = 0,67$$

$$R = \frac{T_1 - T_2}{t_2 - t_1} = \frac{20 - 50}{40 - 80} = 0,75$$

L'utilisation de l'abaque b de la figure précédente permet d'avoir la valeur de F, $F = 0,90$.

1- Dans le cas où il n'y a pas d'encrassement, le coefficient global de transfert s'écrit :

$$U = \frac{1}{\frac{1}{h_i} + \frac{1}{h_c}} = \frac{1}{\frac{1}{160} + \frac{1}{25}} = 21,6 \; W/m^{2}°C$$

Le flux échangé sans encrassement est donc :

$$Q = U * S * F * DTLM = 21,6 * 3,77 * 0,9 * 24,7$$

$$Q = 1830 \; W$$

2- Dans le cas d'un fonctionnement générant une résistance d'encrassement $R$ le coefficient global s'écrit :

$$U = \frac{1}{\frac{1}{h_i} + \frac{1}{h_c} + R} = \frac{1}{\frac{1}{160} + \frac{1}{25} + 6.10^{-4}} = 21,3 \; W/m^{2}°C$$

Dans ce cas le flux échangé est :

$$Q = U * S * F * DTLM = 21,3 * 3,77 * 0,9 * 24,7$$
$$Q = 1805\ W$$

*NB : le flux de chaleur échangé diminue en fonction du dépôt d'encrassement, comme montré dans ce cas, cette chute n'est pas intense en raison des coefficients de convection relativement faibles de cet échangeur.*

### Exemple

Des tests sont réalisés pour déterminer le coefficient global d'échange dans un radiateur de voiture (échangeur compacte) fonctionnant à courant croisé eau-air non brassées (voir figure).

Le radiateur contient 40 tubes de de 0,5 cm de diamètre interne et une longueur de 65 cm ordonnancés dans une matrice plate permettant un bon échange avec l'air via les ailettes. L'eau entre à 90°C dans les tubes à raison de 0,6 Kg/s elle sort ainsi de l'échangeur à 65°C. L'air rentre à courant croisé à travers l'espacement fin des plaques, il est ainsi chauffé de 20 à 40°C.

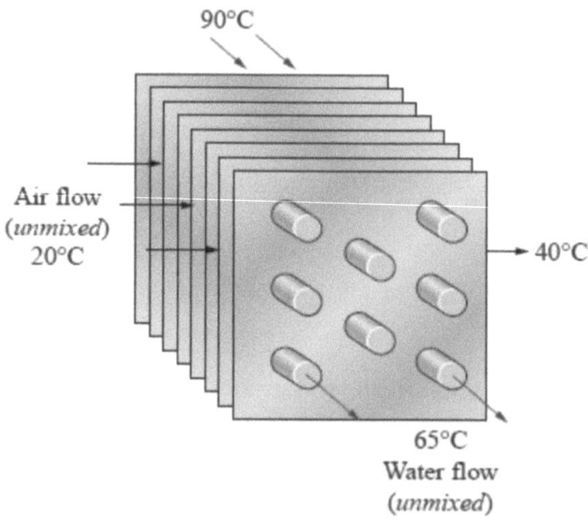


➢ Calculez le coefficient global U basé sur la surface interne des tubes pour ce radiateur.

**Données de l'eau**

La capacité calorifique de l'eau à une température moyenne de $(90 + 65)/2$ est :

$$C_p = 4,195 \; Kj/Kg°C$$

## Solution

Le flux de chaleur échangé dans l'appareil est obtenu par bilan de chaleur entre l'air et l'eau :

$$Q = \left[m.\,C_p(T_e - T_s)\right]_{wtaer} = 0,6 * 4,195 * (90 - 65) = 62,93 \; KW$$

La surface d'échange est imposée comme étant la surface d'échange interne des tubes :

$$S_i = n * \pi * D_i * L = 40 * \pi * 0,005 * 0,65 = 0,408 \; m^2$$

Connaissant le flux échangé on peut ainsi déterminer le coefficient global d'échange dans l'appareil :

$$Q = U_i * S_i * F * DTLM \qquad ; \qquad U_i = \frac{Q}{S_i * F * DTLM}$$

Calcul de DTLM :

$$\Delta T_1 = T_{ce} - T_{fs} = 90 - 40 = 50°C$$

$$\Delta T_2 = T_{cs} - T_{fe} = 65 - 20 = 45°C$$

$$DTLM = \frac{\Delta T_1 - \Delta T_2}{Ln(\Delta T_1/\Delta T_2)} = \frac{50 - 45}{Ln(50/45)} = 47,6°C$$

Or :

$$P = \frac{t_2 - t_1}{T_1 - t_1} = \frac{65 - 90}{20 - 90} = 0,36$$

$$R = \frac{T_1 - T_2}{t_2 - t_1} = \frac{20 - 40}{65 - 90} = 0,80$$

Pour le calcul de F, on utilise l'abaque h (non brassé) de la figure présente $F = 0,97.$

La valeur de F peut être remplacée dans l'expression du coefficient global trouvée :

$$U_i = \frac{Q}{S_i * F * DTLM} = \frac{62{,}93}{0{,}408 * 0{,}97 * 47{,}6}$$

$$U_i = 3341 \; W/m^{2\circ}C$$

*NB : le coefficient global d'échange calculé sur la base de la surface d'échange côté air sera largement faible en raison de la surface d'échange importante du côté de l'air.*

Dans un échangeur de chaleur, la température des deux fluides varie au fur et à mesure que l'échange se produit. Il en résulte des variations de propriétés physico-chimiques des fluides qui influent directement sur le coefficient global d'échange. Habituellement, les propriétés des fluides sont prises à des températures moyennes (entrée + sortie/2) pour couvrir partiellement les imprécisions de calculs liées aux fluctuations. Néanmoins, lorsque le gradient de température de l'échangeur est important, le coefficient global d'échange U varie le long de l'appareil,. Dans ce cas, Colburn recommande l'expression empirique suivante pour le flux de chaleur échangé localement $Q_i$ :

$$Q_i = S_i . \frac{U_{i+1}.\Delta T_i - U_i.\Delta T_{i+1}}{Ln \frac{U_{i+1}.\Delta T_i}{U_i.\Delta T_{i+1}}} \qquad (Eq.\ 5.13)$$

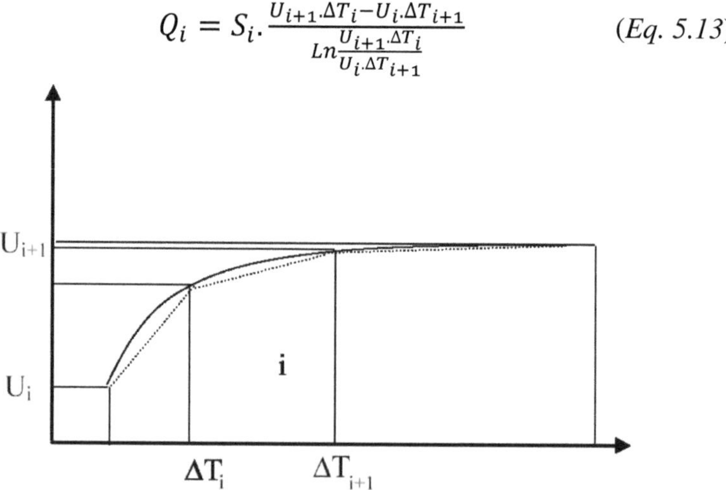


Conformément à la figure, chaque segment (partie quasi linéaire de variation de U) est associée à un flux de chaleur échangé. Dans le cas d'une variation monotone de U en un seul segment (entre deux points), on aura :

$$Q = U_m . S . DTLM = S . \frac{U_1 . \Delta T_2 - U_2 . \Delta T_1}{Ln \frac{U_1 . \Delta T_2}{U_2 . \Delta T_1}} \qquad (Eq.\ 5.14)$$

Dans le cas où plusieurs zones de transfert se présentent au niveau d'un échangeur distinguant ainsi plusieurs coefficients d'échange, l'équation 5.13 est appliquée pour chaque zone adjacente. Le coefficient global peut donc être calculé à partir des coefficients moyens des zones adjacentes.

## 2.  Méthode d'efficacité et du nombre d'unités de transfert

Dans certains problèmes d'échangeurs de chaleur, le but est de déterminer le flux de chaleur échangé et les températures de sortie des fluides chaud et froid connaissant leurs débits et la configuration géométrique de l'appareil (type et surface d'échange). Dans ces cas, la méthode de DTLM peut être utilisée, mais elle requiert un calcul itératif pour la détermination de sa valeur en supposant des températures de sortie de l'un des deux fluides. La fonction objective de cette manipulation sera donc l'égalité des chaleurs cédée par le fluide chaud et celle reçue par le froid. Pour contourner cette méthode itérative et trouver des solutions à ce type de problèmes, Kays et London proposent en 1955 une méthode appelée méthode d'efficacité-NUT simplifiant l'analyse des échangeurs. Cette méthode est basée sur le paramètre adimensionnel efficacité $\varepsilon$ défini comme étant le rapport de la puissance thermique réellement échangée à la puissance d'échange maximum théoriquement possible, avec les mêmes conditions d'entrées des fluides (nature, débit,..) dans l'échangeur.

L'efficacité d'un échangeur est définie comme suit :

$$\varepsilon = \frac{Q_{réel}}{Q_{max}} \qquad (Eq.\ 5.15)$$

Ou aussi :          $$Q_{réel} = \varepsilon . Q_{max} \qquad (Eq.\ 5.16)$$

$Q_{max}$ étant le flux de chaleur maximal pouvant être échangé dans l'appareil.

$Q_{max}$ et $Q_{réel}$ sont deux puissances évaluées avec les mêmes conditions d'entrée des deux fluides dans l'échangeur. $Q_{max}$ est obtenue quand le fluide subit une variation de température égale à $\Delta T_{max}$.

Il serait donc question de déterminer $\varepsilon$ pour chaque type d'échangeur.

### a.  Calcul de $Q_{max}$

Pour déterminer le flux maximal échangé dans l'appareil, on doit déterminer la différence maximale de température qui est dans tous les cas la différence entre les températures d'entrée du fluide chaud et froid :

$$\Delta T_{max} = T_{ce} - T_{fe} \qquad (Eq.\,5.17)$$

### Justification

Le contre-courant étant la configuration la plus abondante dans les échangeurs en raison de son efficacité d'échange, on distingue ainsi deux cas de figure ; lorsque $m_f.C_{pf} > m_c.C_{pc}$ et le cas inverse, lorsque $m_f.C_{pf} < m_c.C_{pc}$. Le profil de température dans les deux cas est représenté dans la figure suivante :

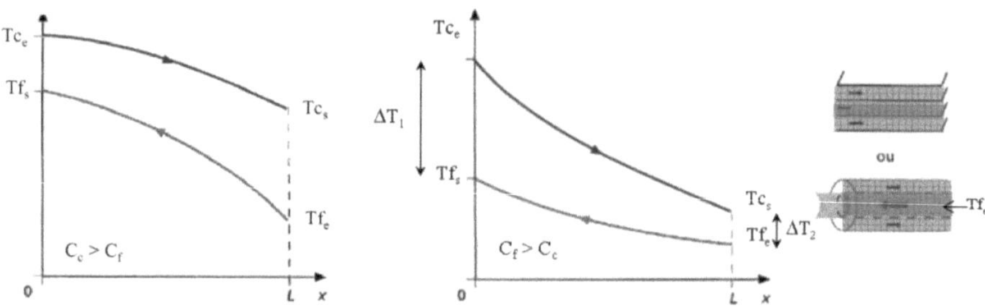


Le flux échangé dans l'appareil atteindra sa valeur maximale si :

- Le fluide froid est chauffé jusqu'à la température d'entrée du fluide chaud.
- Le fluide chaud est refroidi jusqu'à la température d'entrée du fluide froid

Ces deux conditions ne sont remplies à la fois que si pour les deux fluides : $m_c.C_{pc} = m_f.C_{pf}$ ce qui est rarement le cas. Autrement ($m_c.C_{pc} \neq m_f.C_{pf}$) le fluide ayant la faible valeur $m.C_p$ imposera la forte variation de température dans l'échangeur. On dira dans ce cas, que c'est le fluide qui commande le transfert. Le flux de chaleur maximal échangé peut donc s'écrire sous la forme :

$$Q_{max} = [m.C_p]_{min}(T_{ce} - T_{fe}) \qquad (Eq.\ 5.18)$$

Le calcul $Q_{max}$ de impose la connaissance de la température d'entrée des fluides et leurs débits respectifs. Ainsi, une fois l'efficacité de l'échangeur calculé, le flux échangé dans l'appareil sera facilement déterminé.

$$Q_{réel} = \varepsilon.[m.C_p]_{min}(T_{ce} - T_{fe}) \qquad (Eq.\ 5.19)$$

La connaissance de $\varepsilon$ nous permettra donc une détermination du flux échangé sans avoir recours aux températures de sortie des deux fluides.

### b. Efficacité $\varepsilon$ d'un échangeur

L'efficacité d'un échangeur dépend de sa géométrie, de la nature des deux fluides et de leurs températures. En examinant les deux cas de figure possibles, on s'aperçoit que c'est toujours le fluide de capacité thermique minimale qui peut subir $\Delta T_{max}$. Ceci est prouvé par l'expression $\left[Q_{max} = [m.C_p]_{min}(T_{ce} - T_{fe})\right]$. Ainsi, l'efficacité d'un échangeur peut s'exprimer à partir des températures de deux façons différentes :

$$- \text{Si } [m.C_p]_{min} = m_{chaud}.C_{p,chaud} \qquad \varepsilon = \frac{T_{ce}-T_{cs}}{T_{ce}-T_{fe}} \qquad (Eq.\ 5.18)$$

$$- \text{Si } [m.C_p]_{min} = m_{froid}.C_{p,froid} \qquad \varepsilon = \frac{T_{fs}-T_{fe}}{T_{ce}-T_{fe}} \qquad (Eq.\ 5.19)$$

### 2.1 Cas d'un échangeur mono tubulaire à co-courant

Lorsqu'il s'agit de dimensionner un échangeur répondant à un besoin défini, il est toutefois difficile de savoir avec exactitude les températures de sortie des fluides en question. Cependant, pour le calcul des performances d'un appareil existant où le dimensionnement avec des températures de sortie des fluides est méconnu, il est demandé de résoudre le système d'équations suivant :

$$Q = U.S \frac{(T_{cs} - T_{fs}) - (T_{ce} - T_{fe})}{\ln\left[\dfrac{T_{cs} - T_{fs}}{T_{ce} - T_{fe}}\right]}$$

$$Q = -m_c.C_{pc}(T_{cs} - T_{ce})$$

$$Q = m_f.C_{pf}(T_{fs} - T_{fe}) \qquad (Eq.\ 5.20)$$

Ce qui implique le système :

$$Q = U.S \frac{(T_{cs} - T_{fs}) - (T_{ce} - T_{fe})}{\ln\left[\dfrac{T_{cs} - T_{fs}}{T_{ce} - T_{fe}}\right]}$$

$$T_{cs} = T_{ce} - \frac{Q}{m_c.C_{pc}}$$

$$T_{fs} = T_{fe} + \frac{Q}{m_f.C_{pf}} \qquad (Eq.\ 5.21)$$

Dans le système précédent, la première équation de flux peut s'écrire sous la forme suivante :

$$Q = -U.S \frac{Q\left(\dfrac{1}{m_c.C_{pc}} + \dfrac{1}{m_f.C_{pf}}\right)}{\ln\left[\dfrac{T_{ce} - T_{fe} - Q\left(\dfrac{1}{m_c.C_{pc}} + \dfrac{1}{m_f.C_{pf}}\right)}{T_{ce} - T_{fe}}\right]} \qquad (Eq.\ 5.22)$$

Soit encore :

$$\ln\left[1 - \frac{Q\left(\dfrac{1}{m_c.C_{pc}} + \dfrac{1}{m_f.C_{pf}}\right)}{T_{ce} - T_{fe}}\right] = -U.S\left(\frac{1}{m_c.C_{pc}} + \frac{1}{m_f.C_{pf}}\right) \qquad (Eq.\ 5.23)$$

L'expression du flux de chaleur est donnée par l'expression :

$$Q = \frac{T_{ce} - T_{fe}}{\dfrac{1}{m_c.C_{pc}} + \dfrac{1}{m_f.C_{pf}}}\left[1 - e^{-U.S.\left(\dfrac{1}{m_c.C_{pc}} + \dfrac{1}{m_f.C_{pf}}\right)}\right] \qquad (Eq.\ 5.24)$$

Ou encore :

$$Q = \frac{m_c.C_{pc}.m_f.C_{pf}.(T_{ce}-T_{fe})}{m_c.C_{pc}+m_f.C_{pf}}\left[1 - e^{-U.S.\left(\frac{1}{m_c.C_{pc}}+\frac{1}{m_f.C_{pf}}\right)}\right] \quad (Eq.\ 5.25)$$

On obtient ainsi une expression du flux de chaleur échangé dans l'appareil en ayant comme seules entrées les données relatives aux flux des fluides entrant et les valeurs de U et de S.

En faisant une correspondance avec la formule $Q_{réel} = \varepsilon.\left[m.C_p\right]_{min}(T_{ce} - T_{fe})$.

On aura :

$$Q = \frac{m_c.C_{pc}.m_f.C_{pf}.(T_{ce} - T_{fe})}{m_c.C_{pc} + m_f.C_{pf}}\left[1 - e^{-U.S.\left(\frac{1}{m_c.C_{pc}}+\frac{1}{m_f.C_{pf}}\right)}\right]$$
$$= \varepsilon.\left[m.C_p\right]_{min}(T_{ce} - T_{fe})$$

Après simplification, on aura l'expression d'efficacité suivante :

$$\varepsilon_{co-courant} = \frac{1 - exp\left[-\dfrac{U.S}{\left[m.C_p\right]_{min}}\left(1 + \dfrac{\left[m.C_p\right]_{min}}{\left[m.C_p\right]_{max}}\right)\right]}{1 + \dfrac{\left[m.C_p\right]_{min}}{\left[m.C_p\right]_{max}}}$$

$$(Eq.\ 5.26)$$

## 2.2 Cas d'un échangeur mono tubulaire à contre-courant

De même que le cas précédent, on obtient l'expression de flux suivante :

$$Q = T_{ce} - T_{fe}\frac{\left[1 - e^{-U.S.\left(\frac{1}{m_c.C_{pc}}+\frac{1}{m_f.C_{pf}}\right)}\right]}{\frac{1}{m_c.C_{pc}} - \frac{1}{m_f.C_{pf}}e^{-U.S.\left(\frac{1}{m_c.C_{pc}} - \frac{1}{m_f.C_{pf}}\right)}} \quad (Eq.\ 5.27)$$

Dans le cas d'un échangeur à contre-courant les profils de températures des deux fluides le long de l'appareil diffèrent en fonction des valeurs des produits $m_f. C_{pf} et m_c. C_{pc}$.

Dans ce cas, on obtient l'expression d'efficacité suivante :

$$\varepsilon_{contre-courant} = \frac{1 - exp\left[-\dfrac{U.S}{[m.C_p]_{min}}\left(1 - \dfrac{[m.C_p]_{min}}{[m.C_p]_{max}}\right)\right]}{1 - \dfrac{[m.C_p]_{min}}{[m.C_p]_{max}} * exp\left[-\dfrac{U.S}{[m.C_p]_{min}}\left(1 - \dfrac{[m.C_p]_{min}}{[m.C_p]_{max}}\right)\right]}$$

$$(Eq.\ 5.28)$$

## 2.3   Extrapolation du calcul $\epsilon - NUT$ à un échangeur quelconque

La méthode d'efficacité fait intervenir quelques groupements adimensionnels.

### ➢ Nombre des unités de transfert NUT

Pour un échangeur de chaleur  NUT est défini comme étant le rapport :

$$NUT = \frac{U.S}{[m.C_p]_{min}} \qquad (Eq.\ 5.29)$$

Le NUT est proportionnel à la surface d'échange, pour des valeurs de $U$ et $[m. C_p]_{min}$ fixés, plus le NUT est élevé plus l'échangeur est grand.

### ➢ Rapport des capacités c

Pour une utilisation conviviale de la méthode d'efficacité, on définit le nombre adimensionnel relatif aux rapports des capacités :

$$c = \frac{[m.C_p]_{min}}{[m.C_p]_{max}} \qquad (Eq.\ 5.30)$$

Cependant, l'efficacité d'un échangeur devient ainsi une fonction des nombres adimensionnels définis NUT et $c$. Plusieurs relations d'efficacité sont développées pour les différents types d'échangeurs (voir figure).

| *Type d'échangeur* | *Relation d'éfficacité* | *Relation de NUT* |
|---|---|---|
| *Monotub* *co-courant* | $\varepsilon = \dfrac{1 - \exp\left[-\text{NTU}(1 + c)\right]}{1 + c}$ | $\text{NTU} = -\dfrac{\ln\left[1 - \varepsilon(1 + c)\right]}{1 + c}$ |
| *contre-courant* | $\varepsilon = \dfrac{1 - \exp\left[-\text{NTU}(1 - c)\right]}{1 - c\exp\left[-\text{NTU}(1 - c)\right]}$ | $\text{NTU} = \dfrac{1}{c - 1}\ln\left(\dfrac{\varepsilon - 1}{\varepsilon c - 1}\right)$ |
| *Tube et calandre* *1 passe calandre,* *2,4,... passe tube* | $\varepsilon = 2\left\{1 + c + \sqrt{1 + c^2}\,\dfrac{1 + \exp\left[-\text{NTU}\sqrt{1 + c^2}\right]}{1 - \exp\left[-\text{NTU}\sqrt{1 + c^2}\right]}\right\}^{-1}$ | $\text{NTU} = -\dfrac{1}{\sqrt{1 + c^2}}\ln\left(\dfrac{2/\varepsilon - 1 - c - \sqrt{1 + c^2}}{2/\varepsilon - 1 - c + \sqrt{1 + c^2}}\right)$ |

*Courant croisé  (1 seule passe)*

| | | |
|---|---|---|
| *deux fluides non brassés* | $\varepsilon = 1 - \exp\left\{\dfrac{\text{NTU}^{0.22}}{c}\left[\exp\left(-c\,\text{NTU}^{0.78}\right) - 1\right]\right\}$ | |
| $(m.C)_{max}$ *brassé* $(m.C)_{min}$ *non brassé* | $\varepsilon = \dfrac{1}{c}(1 - \exp\{1 - c[1 - \exp(-\text{NTU})]\})$ | $\text{NTU} = -\ln\left[1 + \dfrac{\ln(1 - \varepsilon c)}{c}\right]$ |
| $(m.C)_{min}$ *brassé* $(m.C)_{max}$ *non brassé* | $\varepsilon = 1 - \exp\left\{-\dfrac{1}{c}[1 - \exp(-c\,\text{NTU})]\right\}$ | $\text{NTU} = \dfrac{\ln[c\ln(1 - \varepsilon) + 1]}{c}$ |
| *Tout échangeur ayant* $c = 0$ *(tend vers)* | $\varepsilon = 1 - \exp(-\text{NTU})$ | $\text{NTU} = -\ln(1 - \varepsilon)$ |

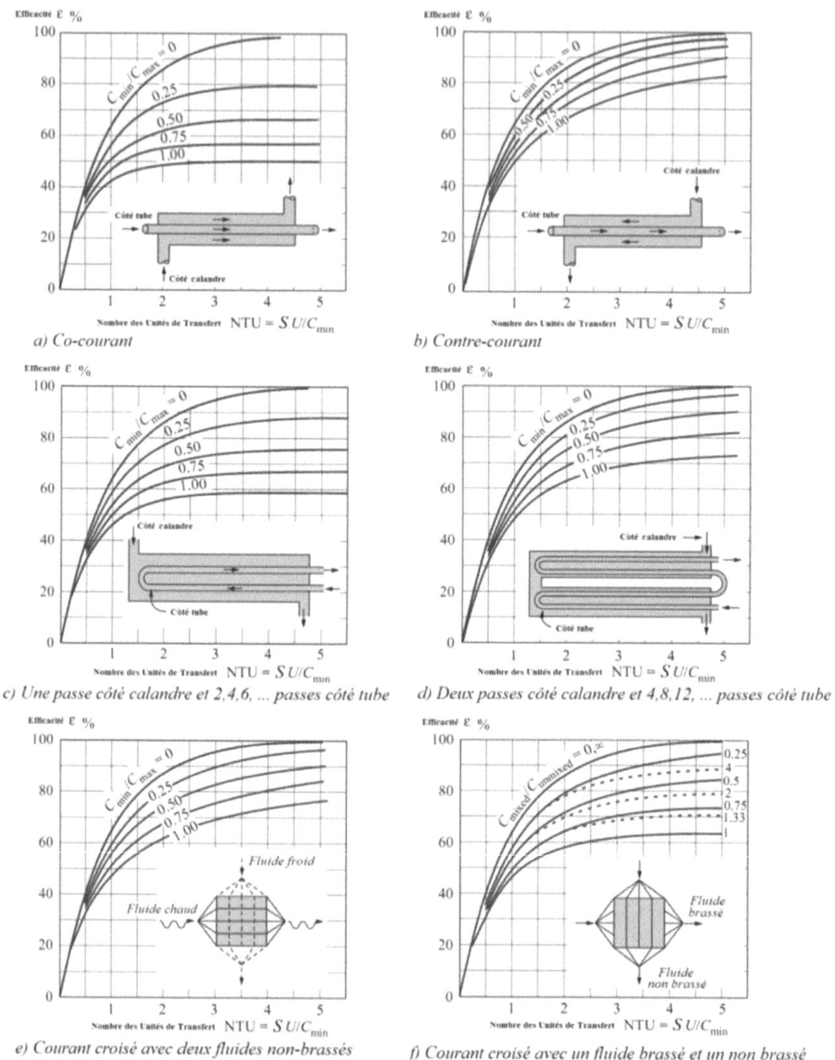



*a) Co-courant*

*b) Contre-courant*

*c) Une passe côté calandre et 2,4,6, ... passes côté tube*

*d) Deux passes côté calandre et 4,8,12, ... passes côté tube*

*e) Courant croisé avec deux fluides non-brassés*

*f) Courant croisé avec un fluide brassé et un non brassé*

## Exemple

Une huile chaude est refroidie par l'eau dans un échangeur (1-8) ; une passe côté calandre et 8 passes côté tube. Les tubes ont une épaisseur relativement faible (mince) et sont faits en inox avec in diamètre externe de 1,4 cm. La longueur de chaque tube dans l'échangeur est de 5m et le coefficient de transfert global de l'appareil est de 310 W/m²°C. L'eau rentre à travers les tubes avec un débit de 0,2 Kg/s et une température de 20°C, alors que l'huile passe du côté de la calandre avec un débit de 0,3 Kg/s et une température de 150°C (Fig.). Déterminez le flux de chaleur échangé dans l'appareil et les températures de sortie des deux fluides (eau et huile).

Les capacités calorifiques de l'huile et l'eau sont respectivement : 2,13 et 4,18 Kj/Kg°C.

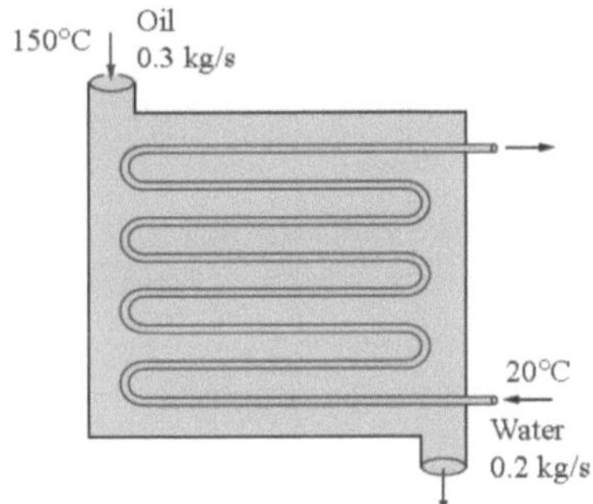


**Hypothèses**

Régime permanent ; échangeur isolé ; pertes thermiques négligeables entre l'échangeur et l'extérieur. L'épaisseur des tubes est suffisamment faible pour qu'il soit négligé. Coefficient global uniforme et constant le long de l'appareil.

## Solution

Dans ce cas, l'utilisation de DTLM impose un calcul itératif, cependant la méthode d'efficacité NUT est plus conviviale.

La première étape à entreprendre pour réaliser une analyse d'efficacité est le calcul des taux de capacités $m.\,C_p$ pour les deux fluide et d'identifier le taux minimal $[m.\,C_p]_{min}$.

Fluide chaud (huile) : $m_c.\,C_{pc} = 0,3 * 2,13 = 0,639 \; KW/°C$

Fluide froid (eau) : $m_f.\,C_{pf} = 0,2 * 4,18 = 0,836 \; KW/°C$

Cependant : $[m.\,C_p]_{min} = m_c.\,C_{pc} = 0,639 \; KW/°C$

Et : $c = \dfrac{[m.C_p]_{min}}{[m.C_p]_{max}} = \dfrac{0,639}{0,836} = 0,764$

Le flux de chaleur maximal susceptible d'être transféré dans l'appareil s'écrit :

$$Q_{max} = \left[m.C_p\right]_{min}\left(T_{ce} - T_{fe}\right) = 0,639 * (150 - 20)$$

$$Q_{max} = 83,1 \, KW$$

La surface d'échange de l'appareil est :

$$S = n(\pi.D.L) = 8 * \pi * 0,014 * 5 = 1,76 \, m^2$$

Ainsi le NUT de l'appareil s'écrit :

$$NUT = \frac{U.S}{\left[m.C_p\right]_{min}} = \frac{310 * 1,76}{639} = 0,853$$

L'efficacité $\varepsilon$ est ainsi déterminée par l'abaque (c) de la figure précédente en utilisant les deux coordonnées NUT = 0,853 et c = 0,764. On trouve une valeur d'efficacité de :

$$\varepsilon = 0,47$$

La valeur d'efficacité peut aussi être obtenue pas la troisième relation du tableau précèdent (tube et calandre une passe calandre et 2,4,.. passes tube). Le flux de chaleur transféré dans l'appareil s'écrit donc :

$$Q = \varepsilon.Q_{max} = 0,47 * 83,1$$

$$Q = 39,1 \, W$$

Finalement, les températures de sorties peuvent être déterminées :

$$Q = m_f.C_{pf}.\left(T_{fs} - T_{fe}\right) \rightarrow T_{fs} = T_{fe} + \frac{Q}{m_f.C_{pf}}$$

$$= 20 + \frac{39,1}{0,836}$$

$$T_{fs} = 66,8°C$$

$$Q = m_c.C_{pc}.\left(T_{ce} - T_{cs}\right) \rightarrow T_{cs} = T_{ce} - \frac{Q}{m_c.C_{pc}}$$

$$= 150 - \frac{39,1}{0,639}$$

$$T_{cs} = 88,8°C$$

Ainsi, l'eau froide rentre à 20°C et sort à 66,8°C pour refroidir l'huile de 150°C à 88,8°C dans l'échangeur de chaleur.

**Remarques**

- ➤ L'efficacité d'un échangeur varie de 0 à 1. Elle diminue rapidement pour des valeurs de NUT inferieures à 1,5 alors qu'elle varie peu pour des valeurs supérieures de NUT. Cependant, l'utilisation d'un échangeur avec des valeurs importantes de NUT (généralement supérieur à 3 pour des échangeurs industriels) et une surface d'échange importante ne s'avère pas économiquement rentable en raison de la faible variation d'efficacité dans ces conditions. En effet, un échangeur d'une très grande efficacité est souhaitable de point de vue transfert de chaleur mais reste moins rentable économiquement.

- ➤ Pour des valeurs de NUT et du rapport c donnés, le contrecourant reste le plus efficace suivi de l'échangeur à courant croisé avec les deux fluides brassés. Cependant, les faibles efficacités sont constatées dans le cas du co-courant, ce qui limite son utilisation.

- ➤ L'efficacité d'un échangeur ne dépend presque plus du rapport c pour des valeurs de NUT inferieures à 0,5.

- ➤ Pour une valeur donnée de NUT, le rapport c varie de 0 à 1. L'efficacité devient maximale pour c=0 et minimale pour c=1. Le cas $c = \left[m.\,C_p\right]_{min} / \left[m.\,C_p\right]_{max} \to 0$ correspond à $\left[m.\,C_p\right]_{max} \to \infty$, c'est le cas lorsqu'il s'agit d'une condensation ou ébullition. Dans le cas d'un changement de phase quelque soit l'échangeur de chaleur utilisé, toutes les formules d'efficacité se réduisent à la forme :

$$\varepsilon = \varepsilon_{max} = 1 - exp(-NUT)$$

  Dans ce cas (changement de phase), la température de condensation ou d'ébullition est considérée constante le long de l'appareil. Pour le second cas limitant $c = \left[m.\,C_p\right]_{min} / \left[m.\,C_p\right]_{max} = 1$, l'efficacité tend vers ses valeurs les plus faibles en raison de l'égalité des taux de capacités des deux fluides $\left(m.\,C_p\right)$

## 3. Choix des échangeurs de chaleurs

Le dimensionnement classique des échangeurs de chaleur peut être réalisé par les méthodes conventionnelles NUT et DTLM exposées précédemment ; quoique cette approche de calcul doit être adoptée avec une grande vigilance vu que les dimensions générées feront l'objet d'applications industrielles directes. Prenons l'exemple d'un échangeur de chaleur pour lequel on calcule une valeur du coefficient global U sur la base des corrélations de convection déjà vues,.U est supposé constant le long de l'appareil. Il est primordial de noter que l'incertitude liée à l'estimation de U peut dépasser 30 % sa vraie valeur. Il est donc indispensable d'opter pour un surdimensionnement de l'échangeur à travers la surestimation de U pour éviter des surprises de dysfonctionnement.

Les différentes manipulations d'amélioration des échangeurs sont souvent accompagnées de chutes de pression ; ce qui impose une puissance de pompage supplémentaire. Par conséquent, tout gain souhaité en efficacité dans un échangeur doit être confronté aux surcoûts générés. Dans ce contexte, il est fortement conseillé de faire circuler le fluide le plus visqueux du côté calandre, ce qui lui confère une large section de passage et donc moins de pertes de charge. Le fluide moins visqueux et/ou circulant à une pression importante est généralement introduit par les tubes de l'échangeur. Les coûts de pompage sont généralement estimés pour tout échangeur dans le cadre du calcul économique. Conventionnellement, on a :

*Frais de fonctionnement*

$$C\hat{o}uts\;de\;fonctionnement\;=\;(Energie\;de\;pompage\;KW)\,*$$
$$(Heures\;de\;fonctionnement, h)\,*\,(Prix\;d'électricité, DH/KWh)$$

$$(Eq.\;5.31)$$

Les valeurs typiques des vitesses de circulation des fluides dans les échangeurs varient entre 0,7 et 7 m/s pour les liquides et entre 3 et 30 m/s pour les gaz. Des valeurs faibles de vitesses permettent d'éviter l'attaque du métal d'échangeur, les vibrations au niveau des tubes, les bruits et les pertes de charge.

## 4. Méthodologie de design des échangeurs de chaleur

*Procédure globale de design*

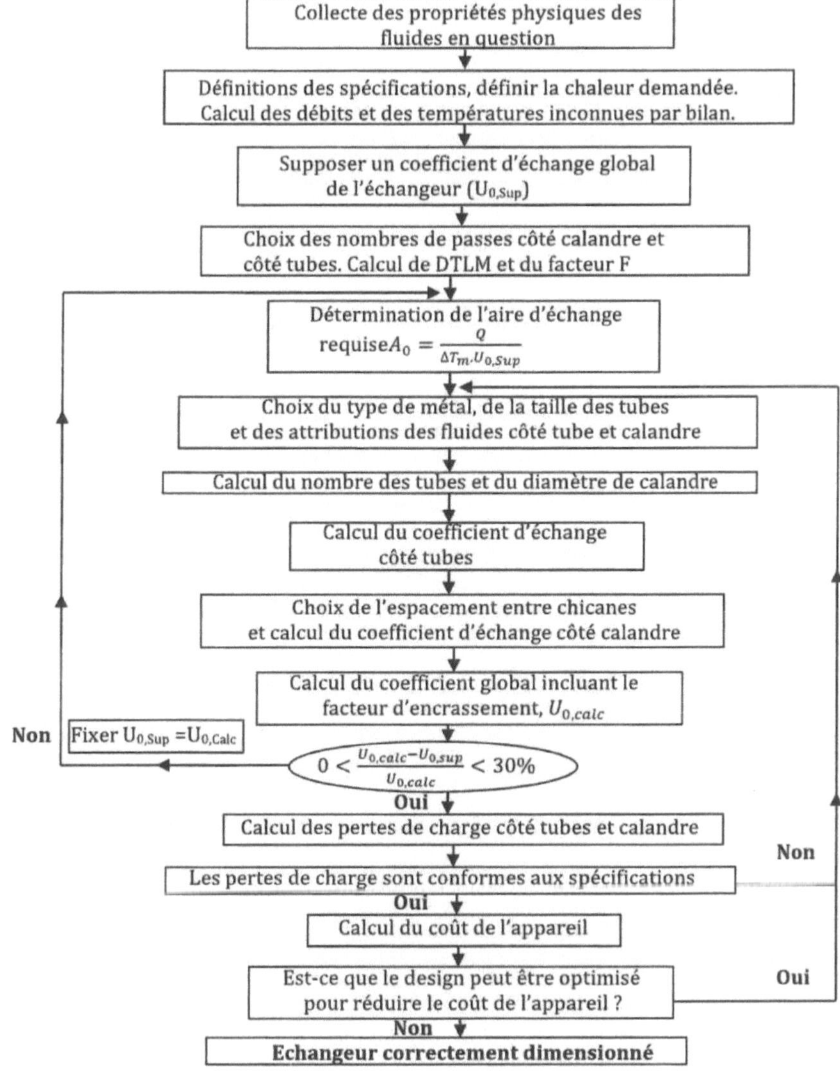



**Algorithme global de design des échangeurs de chaleur**

# Exemples de design

## 1. Échangeur à faisceaux et calandres sans changement de phase

Exemple

Dimensionner un échangeur tubulaire servant à refroidir un condensat de méthanol de 95°C à 40°C. Le débit de condensat est de 100 000 Kg/h. Une eau saumâtre (eau moyennement saline ; exemple : eau de mer) disponible à 25°C est utilisée comme liquide de refroidissement.

L'échangeur 2-1 à contre-courant est recommandé (deux passes côté tube et une passe calandre).

Solution

Cet exemple peut être traité par la méthode de Kern qui consiste à appliquer partiellement l'algorithme de design des échangeurs à faisceaux et calandre (figure précédente). La méthode de Kern est largement utilisée pour le design en raison de sa facilité d'application et de son calcul direct.

> ➤ *Collecte des données sur les deux fluides*

Capacité calorifique du méthanol : $C_{p,Mét} = 2,84\ Kj/Kg°C$

$$(Eq.\ 6.1)$$

Chaleur cédée par le méthanol :

$$Q_{Mét} = \frac{10^5}{3600} * 2,84\,(95 - 40) = 4340\ KW \qquad (Eq.\ 6.2)$$

Capacité calorifique de l'eau saumâtre :

$$C_{p,Eau} = 4,2\ Kj/Kg°C \qquad (Eq.\ 6.3)$$

Débit d'eau nécessaire :

$$D_{Eaut} = \frac{Q_{Mét}}{C_{p,Eau}*\Delta T} = \frac{4340}{4,2\,(40-25)} = 68,9\ Kg/s \qquad (Eq.\ 6.4)$$

$$\text{DTLM} : \Delta T_{ml} = \frac{(95-40)-(40-25)}{Ln\frac{(95-40)}{(40-25)}} = \mathbf{31°C} \ \text{(configuration recommandée)}$$

(Eq. 6.5)

*NB : dans cet exemple, le fluide de refroidissement (eau saumâtre) est considéré comme entartrant en raison de son dépôt salin. L'eau sera ainsi insérée du côté des tubes.*

### ➢ *Choix du type de l'échangeur tubulaire*

Le choix du type d'échangeur peut se faire selon des spécifications industrielles liées à la pratique courante et à la disponibilité des appareils d'échange dans le marché. Cependant, dans le cas d'une insuffisance de donnés permettant de décider du choix du type d'échangeur, il est possible de se fier à une technique graphique qui permet d'avoir un ordre de grandeur du nombre de passes côté calandre nécessaire pour réaliser l'échange souhaité. La représentation graphique consiste à tracer les profils de températures supposés linéaires en fonction de la chaleur échangée (Figure suivante).

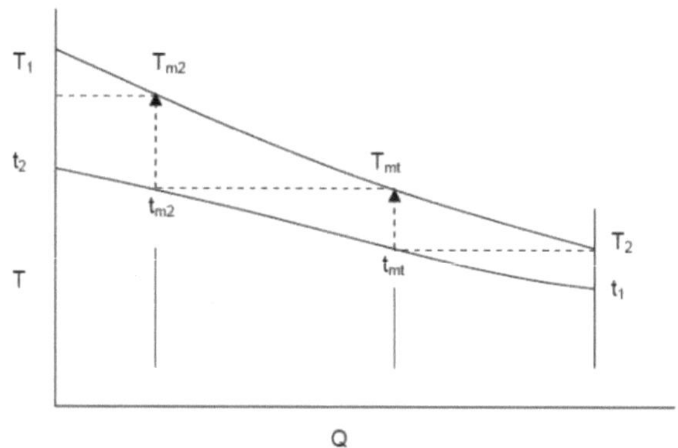


**Nombre de calandres nécessaires basé sur les profils de températures des deux fluides en fonction de la chaleur transférée (3 calandres sont nécessaires dans ce cas de figure)**

Pour le nombre de passes côté tubes, nous avons souvent recours à une configuration comprenant deux passes pour chaque calandre afin d'obtenir un bon rapport d'échange en intégrant les dépenses liées aux pertes (pression et chaleur). Néanmoins, il existe des applications spécifiques à quelques types d'industries où le rapport prédit est à ses valeurs optimales pour un nombre de passes côté tubes dépassant deux. Cette situation est souvent retrouvée dans le cas des échangeurs tubulaires de petite taille ex : industries pharmaceutiques et agroalimentaires. Dans le cas de l'échangeur étudié, nous avons conduit une analyse identique à la précédente. Cette dernière a dévoilé la nécessité d'une seule calandre pour achever le transfert souhaité.

> ***Attribution des fluides***

Le choix de l'attribution des fluides dans les échangeurs obéit généralement aux règles suivantes :

- Le fluide le plus encrassant (provoquant des dépôts) est alloué au côté des tubes. Cependant, les tubes peuvent facilement être nettoyés, surtout lorsque le nettoyage mécanique est obligatoire.
- Le fluide circulant à haute pression est attribué aux tubes en raison de leur faible diamètre d'écoulement (maintien de P) et aussi pour la facilité de construction étant donné l'absence de joint d'étanchéité et de raccord haute pression au niveau des tubes contrairement aux calandres.
- Le fluide corrosif passe par les tubes, sans quoi, les tubes et la calandre seront attaqués simultanément. Cependant, l'utilisation d'un métal anti corrosion pour les tubes seuls est plus envisageable (coût) par rapport à son utilisation pour la fabrication des tubes et de la calandre.
- Il est préférable industriellement, que le fluide ayant le coefficient de transfert le plus faible (généralement ayant le débit le plus faible) passe par la calandre. Dans ce cas, si l'objectif de transfert fixé pour l'appareil n'est pas atteint, on dispose de plusieurs paramètres *facilement ajustables* au niveau de la calandre pour améliorer l'échange. (ex : nombre, types de chicanes et leur espacement).

Lorsque les recommandations citées précédemment rentrent en conflit, le responsable du projet de design se doit d'étudier les différents cas de figure et choisir la solution la plus économique.

Dans notre cas, il s'agit d'un échange entre eau (saline ou légèrement saline) et le méthanol. L'eau saline étant encrassante et légèrement corrosive, on choisit donc de l'attribuer au côté des tubes.

> ### *Supposition du coefficient global d'échange*

L'intervalle de variation du coefficient d'échange de chaleur, en fonction des fluides en question, est généralement disponible en littérature. Dans le cas présent, en se référant à la table ci-contre (Perry's) et connaissant la viscosité du méthanol à 20°C qui est de l'ordre de $0.59 \ 10^{-3}$ Pa.s=N.s/m², on peut qualifier l'échange méthanol/eau comme étant un échange entre composé organique moyennement léger et l'eau, ce qui correspond sur la table à un coefficient global d'échange variant entre 240 et 650 W/m²°C. Le calcul peut être donc initié avec une valeur de 600 W/m²°C. Les tables suivantes illustrent les valeurs typiques du coefficient global d'échange dans différents cas de figure.

| Fluids | U (W/m² · K) |
|---|---|
| Water to water | 1300–2500 |
| Ammonia to water | 1000–2500 |
| Gases to water | 10–250 |
| Water to compressed air | 50–170 |
| Water to lubricating oil | 110–340 |
| Light organics ($\mu < 5 \times 10^{-4}$ Ns/m²) to water | 370–750 |
| Medium organics ($5 \times 10^{-4} < \mu < 10 \times 10^{-4}$ Ns/m²) to water | 240–650 |
| Heavy organics ($\mu > 10 \times 10^{-4}$ Ns/m²) to lubricating oil | 25–400 |
| Steam to water | 2200–3500 |
| Steam to ammonia | 1000–3400 |
| Water to condensing ammonia | 850–1500 |
| Water to boiling Freon-12 | 280–1000 |
| Steam to gases | 25–240 |
| Steam to light organics | 490–1000 |
| Steam to medium organics | 250–500 |
| Steam to heavy organics | 30–300 |
| Light organics to light organics | 200–350 |
| Medium organics to medium organics | 100–300 |
| Heavy organics to heavy organics | 50–200 |
| Light organics to heavy organics | 50–200 |
| Heavy organics to light organics | 150–300 |
| Crude oil to gas oil | 130–320 |
| Plate heat exchangers: water to water | 3000–4000 |
| Evaporators: steam/water | 1500–6000 |
| Evaporators: steam/other fluids | 300–2000 |
| Evaporators of refrigeration | 300–1000 |
| Condensers: steam/water | 1000–4000 |
| Condensers: steam/other fluids | 300–1000 |
| Gas boiler | 10–50 |
| Oil bath for heating | 30–550 |

| | Fluid Condition | W/(m² · K) |
| --- | --- | --- |
| *Sensible Heat Transfer* | | |
| Water | Liquid | 5,000–7,500 |
| Ammonia | Liquid | 6,000–8,000 |
| Light organics | Liquid | 1,500–2,000 |
| Medium organics | Liquid | 750–1,500 |
| Heavy organics | Liquid | |
| | Heating | 250–750 |
| | Cooling | 150–400 |
| Very heavy organics | Liquid | |
| | Heating | 100–300 |
| | Cooling | 60–150 |
| Gas | 1–2 bar abs | 80–125 |
| Gas | 10 bar abs | 250–400 |
| Gas | 100 bar abs | 500–800 |
| *Condensing Heat Transfer* | | |
| Steam, ammonia | No noncondensable | 8,000–12,000 |
| Light organics | Pure component, 0.1 bar abs, no noncondensable | 2,000–5,000 |
| Light organics | 0.1 bar, 4% noncondensable | 750–1,000 |
| Medium organics | Pure or narrow condensing range, 1 bar abs | 1,500–4,000 |
| Heavy organics | Narrow condensing range, 1 bar abs | 600–2,000 |
| Light multicomponent mixture, all condensable | Medium condensing range, 1 bar abs | 1,000–2,500 |
| Medium multicomponent mixture, all condensable | Medium condensing range, 1 bar abs | 600–1,500 |
| Heavy multicomponent mixture, all condensable | Medium condensing range, 1 bar abs | 300–600 |
| *Vaporizing Heat Transfer* | | |
| Water | Pressure < 5 bar abs, $\Delta T = 25$ K | 5,000–10,000 |
| Water | Pressure 5–100 bar abs, $\Delta T = 20$ K | 4,000–15,000 |
| Ammonia | Pressure < 30 bar abs, $\Delta T = 20$ K | 3,000–5,000 |
| Light organics | Pure component, pressure < 30 bar abs, $\Delta T = 20$ K | 2,000–4,000 |
| Light organics | Narrow boiling range, pressure 20–150 bar abs, $\Delta T = 15$–20 K | 750–3,000 |
| Medium organics | Narrow boiling range, pressure < 20 bar abs, $\Delta T_{max} = 15$ K | 600–2,500 |
| Heavy organics | Narrow boiling range, pressure < 20 bar abs, $\Delta T_{max} = 15$ K | 400–1,500 |

| Fluide | Coéfficient global (W/m²°C) | F. d'encrassement (Résistance) (m²°C/W) |
| --- | --- | --- |
| Eau de rivière | 3000–12,000 | 0.0003–0.0001 |
| Eau de mer | 1000–3000 | 0.001–0.0003 |
| Eau de refroidissement (Tour) | 3000–6000 | 0.0003–0.00017 |
| Eau de ville douce | 3000–5000 | 0.0003–0.0002 |
| Eau de ville dure | 1000–2000 | 0.001–0.0005 |
| Vapeur condensée | 1500–5000 | 0.00067–0.0002 |
| Air et gazes industriels | 5000–10,000 | 0.0002–0.0001 |
| Flux gaseux | 2000–5000 | 0.0005–0.0002 |
| Vapeurs organiques | 5000 | 0.0002 |
| Liquides organiques | 5000 | 0.0002 |
| Hydrocarbures légers | 5000 | 0.0002 |
| Hydrocarbures métalliques | 2000 | 0.0005 |
| Ebullition des organiques | 2500 | 0.0004 |
| Condensation des organiques | 5000 | 0.0002 |
| Solution aqueuses de sels | 3000–5000 | 0.0003–0.0002 |

*Table additionnelle pour l'estimation du coefficient global d'échange*

> ➤ *Calcul de l'aire d'échange provisoire requise de DTLM et de F*
> ▪ *Calcul du facteur correctif (F) de DTLM*

$$R = \frac{95 - 40}{40 - 25} = 3,67 \ ,$$

$$S = \frac{40 - 25}{95 - 25} = 0,21 \qquad \Rightarrow \quad F = 0,85$$

$$F.\,DTLM = 0,85 * 31 = 26°C$$

$$A = \frac{Q_{M\acute{e}t}}{F.DTLM*U} = \frac{4340*10^3}{26*600} = 278 \ m^2 \qquad\qquad (Eq. \ 6.6)$$

> ➤ *Supposition d'une taille de tubes standard*
> *et calcul des diamètres de tubes et de calandre*

Pour initier les calculs, on choisit selon TEMA des tubes en alliage cuivre Nikel (90 Cu-10 Ni, largement utilisés en industrie) de diamètre extérieur 20 mm et d'une épaisseur de 2 mm, ce qui implique un diamètre interne de 16 mm.

| Diametre éxterne (mm) | Epaisseurs des tubes (mm) | | | | |
|---|---|---|---|---|---|
| 16 | 1.2 | 1.6 | 2.0 | — | — |
| 20 | — | 1.6 | 2.0 | 2.6 | — |
| 25 | — | 1.6 | 2.0 | 2.6 | 3.2 |
| 30 | — | 1.6 | 2.0 | 2.6 | 3.2 |
| 38 | — | — | 2.0 | 2.6 | 3.2 |
| 50 | — | — | 2.0 | 2.6 | 3.2 |

La longueur des tubes est choisie à une valeur intermédiaire des longueurs standardisées citées précédemment (BWG : 1,83-2,43-3,66-4,88-6,10-7,32 m). Dans notre exemple, nous prendrons une longueur des tubes de 4,88 m. Les extrémités des tubes sont généralement fixées sur la plaque tête pas sertissage ou soudure. Cette manœuvre diminue la longueur du tube d'environ 2,5 cm de chaque côté. En tenant compte des jonctions aux extrémités du faisceau tubulaire, on aura :

La longueur d'un tube : $L = 4,88 - (0,025 * 2) = 4,83 \ m$

$$(Eq. \ 6.7)$$

Surface d'un seul tube :

$$S = \pi * d_{ext} * L = \pi * 20 * 4,83 * 10^{-3} = 0,303 \ m^2$$

$$(Eq. \ 6.8)$$

Nombre de tubes nécessaires : $N = \dfrac{A}{S} = \dfrac{278}{0,303} = \mathbf{918}$   *(Eq. 6.9)*

Le méthanol liquide (condensat) est le fluide côté calandre. Il est relativement propre (dépôt quasi-inexistant). Ce qui nous permet de choisir une configuration triangulaire des tubes avec un pas tubulaire de 1,25 * $d_{ext}$, donc : $\boldsymbol{P_t = 1,25.20 = 25\ mm}$.

Une telle configuration permet de maximiser l'échange en augmentant sensiblement la perte de charge.

- *Diamètre du faisceau tubulaire (on utilise la formule explicitée précédemment)*

| *Pas tubulaire triangulaire* $p_t = 1.25\ d_{ext}$ | | | | |
|---|---|---|---|---|
| No. passes | 1 | 2 | 4 | 6 | 8 |
| $K$ | 0.319 | 0.249 | 0.175 | 0.0743 | 0.0365 |
| $n$ | 2.142 | 2.207 | 2.285 | 2.499 | 2.675 |

$$D_f = d_{ext}\left(\frac{N_t}{K}\right)^{1/n}$$

Avec $K = 0,249\ et\ n = 2,207$, valeurs correspondantes à une configuration triangulaire, un pas tubulaire de 1,25 et un nombre de passe tubes de 2.

Donc : $\boldsymbol{D_f = 20 * \left(\dfrac{918}{0,249}\right)^{1/2,207} = 826\ mm}$        *(Eq. 6.10)*

La boite de jonction choisie est celle à tête flottante avec couronne de fixation de type S la plus courante pour l'eau et les organiques. En utilisant la figure ci-contre et en connaissant le type de boite de jonction et le diamètre du faisceau tubulaire, on peut avoir la valeur standardisée de l'espacement entre faisceau tubulaire et calandre. Dans notre cas, cet espacement vaut 68 mm. Donc :

Espacement entre faisceau tubulaire et calandre : 68 mm

On obtient donc le diamètre de calandre :

$$\boldsymbol{D_c = 826 + 68 = 894\ mm}$$

*NB : Cette valeur de diamètre est proche de 863,6 mm qui représente l'une des valeurs standardisées pour le design des tuyauteries (pipe sizes design) publiées par American Petroleum Institute.*

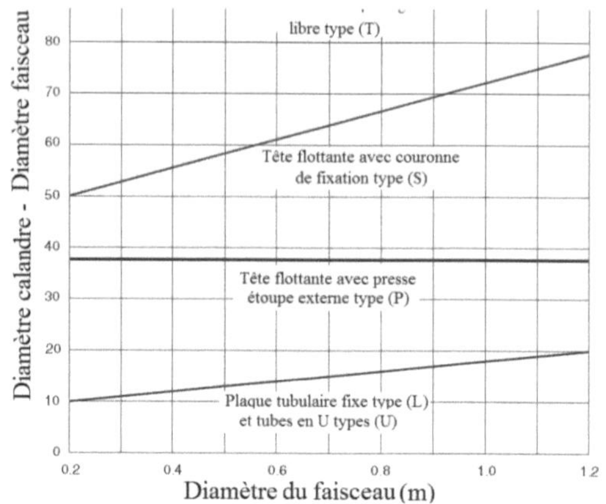


> ➤ ***Calcul des coefficients d'échanges côté tubes et calandre***
>
> ■ *Coefficient d'échange côté tubes (eau saline)*

Calcul de Re et Pr :

$$Re_{eau} = \frac{\rho_{eau} * d_i * V_{eau}}{\mu_{eau}} \text{ et } Pr_{eau} = \frac{Cp_{eau} * \mu_{eau}}{\lambda_{eau}} \text{ avec des paramètres}$$

calculés à $T$ moyenne                                                  *(Eq. 6.11)*

Température moyenne de l'eau saumâtre (eau saline) : l'eau entre à 25 °C et sort à une température qui avoisine celle de sortie du condensat (40°C) : $T_{m.eau} = \frac{40+25}{2} = 33°C$                    *(Eq. 6.12)*

Surface d'échange d'un tube (interne) :

$$S_i = \pi * \frac{16^2}{4} = 201 \, mm^2$$                              *(Eq. 6.13)*

Nombre de tubes par passe (vu qu'il s'agit de 2 passes côté tube) :

$$N_t = \frac{918}{2} = 459$$                                            *(Eq. 6.14)*

Surface totale d'écoulement interne (dans les tubes) :

$$S_{i,totale} = N_t . S_i = 459 * 201 * 10^{-6} = 0,092 m^2$$          *(Eq. 6.15)*

Vitesse massique de l'eau :

$$V_{massique,eau} = \frac{D_{Eaut}}{S_{i,totale}} = \frac{68,9}{0,092} = 749 \, Kg.s^{-1}.m^{-2}$$     *(Eq. 6.16)*

Masse volumique de l'eau utilisée à 33°C :

$$\rho_{eau} = 995 \; Kg/m^3 \qquad (Eq.\ 6.17)$$

Vitesse linéaire de l'eau dans les tubes :

$$V_{eau} = \frac{V_{massique,eau}}{\rho_{eau}} = \frac{749}{995} = 0,75 \; m/s \qquad (Eq.\ 6.18)$$

Conductivité thermique de l'eau saumâtre à 33°C :

$$\lambda_{eau} = 0,59 \; w/m°C \qquad (Eq.\ 6.19)$$

Viscosité dynamique de l'eau à 33°C :

$$\mu_{eau} = 0,8 \cdot 10^{-3} Pa.s \qquad (Eq.\ 6.20)$$

Nombres adimensionnels :

$$Re_{eau} = \frac{\rho_{eau} * d_i * V_{eau}}{\mu_{eau}} = \frac{995 * 0,016 * 0,75}{0,8.\,10^{-3}} = 14925$$

$$Pr_{eau} = \frac{Cp_{eau} * \mu_{eau}}{\lambda_{eau}} = \frac{4,2.10^3 * 0,8.10^{-3}}{0,59} = 5,7 \qquad (Eq.\ 6.21)$$

- *Calcul de Nu et de $h_{Tubes}$*

Pour le calcul du coefficient de convection dans les tubes plusieurs corrélations sont utilisables. On peut, dans ce cadre, utiliser celle de Mc Adams qui s'écrit :

Pour $10^4 < Re < 12.10^4$, $0,6 < Pr < 120$ et $\frac{L}{d_i} > 60$ (faibles diamètres) :

$$Nu_i = \frac{d_i . h_{Tub}}{\lambda_{eau}} = 0,023 (Re_{eau})^{0,8} (Pr_{eau})^{0,4}$$

$$= \frac{0,023 * 0,59}{0,0016} * (14925)^{0,8} (5,7)^{0,4}$$

$$(Eq.\ 6.22)$$

On aura :     $\boxed{h_{Tubes} = 3714,85 \; W/m^{2}°C}$     $(Eq.\ 6.23)$

Ce coefficient peut aussi être calculé par la formule suivante :

$$h_{Tubes} = j_h . Re . (Pr)^{0,33} . \left(\frac{\mu}{\mu_{paroi}}\right)^{0.14} \qquad (Eq.\ 6.24)$$

$j_h$ : facteur de transfert de chaleur évalué à partir de l'abaque de $j_h$-tubes illustrée ci-après. L'eau saumâtre ne présente pas de variation de viscosité entre le centre et la paroi des tubes, le rapport $\dfrac{\mu}{\mu_{paroi}}$ est donc négligeable. En utilisant la formule précédente, on obtient par abaque $j_h = 3,9.\,10^{-3}$ , donc : $h_{Tubes} = 3812\ W/m^{2}{}^{\circ}C$.

Le rapport $\dfrac{L}{d_i} = \dfrac{4,83}{16} = 302.$

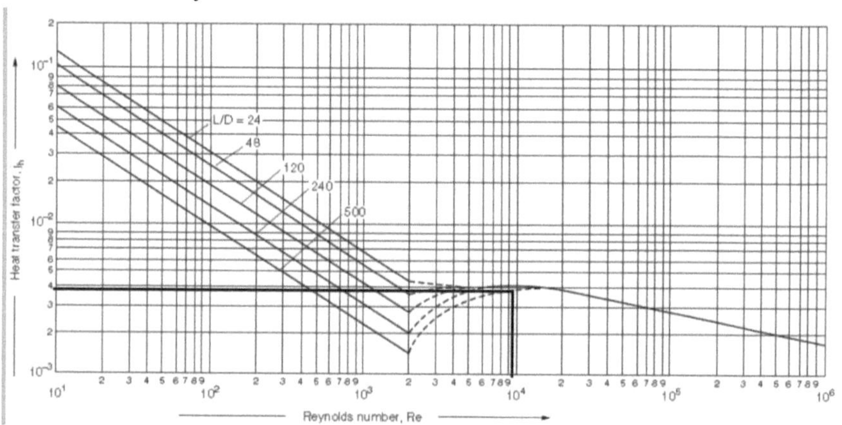



En raison du pincement des différentes courbes (L/d) au voisinage des valeurs de $Re$ allant de $9.\,10^{3}$ à $2.\,10^{4}$, il s'avère plus précis pour notre cas de se positionner dans l'axe des abscisses entre $9.\,10^{3}$ et $1.\,10^{4}$ incluant donc notre valeur $Re = \mathbf{14925}$.

- *Coefficient d'échange côté calandre (méthanol)*

Choix de l'espacement entre chicanes : les valeurs standardisées de l'espacement entre chicanes varient de 0,2 jusqu'à 1 fois le diamètre de calandre. L'optimum est généralement trouvé entre 0,2 et 0,5 fois diamètre de calandre.

Dans ce cadre, en choisissant une valeur de 0,2 et connaissant le diamètre de calandre $D_c = \mathbf{894\ mm}$, on peut donc calculer l'espacement entre chicanes noté $E_c$ :

$$E_c = 894 * 0,2 = 178\ mm \tag{Eq. 6.25}$$

Le nombre de chicanes sera donc :

$$N_{chicannes} = \frac{Longueur\ des\ tubes/2(passes)}{Espacement\ entres\ chicannes} = \frac{\frac{4,83}{2}}{0,178}$$
$$= 13,5 \cong 13\ ou\ 14$$

*(Eq. 6.26)*

Pas tubulaire (pitch) choisi : $\mathbf{1,25 * d_{ext} = 1,25 * 20 = }$ **25 mm**

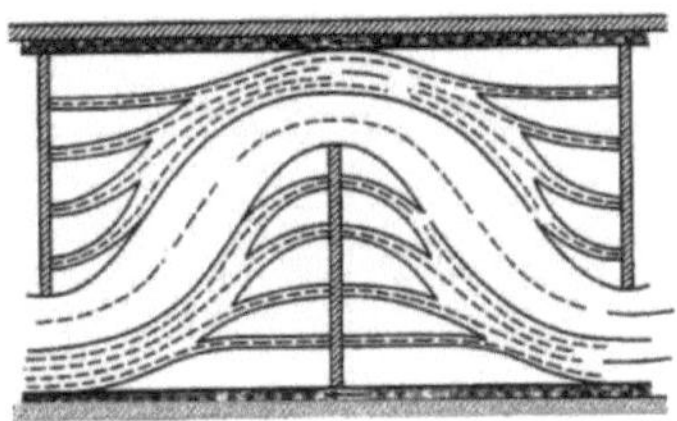

Pour calculer le coefficient de convection côté calandre, il faut calculer la vitesse côté calandre. Cependant, il se trouve que la calandre contient des tubes et des chicanes perturbant l'écoulement du fluide dans la calandre, provoquant ainsi une chute de la vitesse moyenne (résultante normale à la section de passage). Dans ce cas, la vitesse axiale conventionnelle n'est pas d'une grande utilité. On calcule donc la vitesse massique dans un tronçon de calandre compris entre deux chicanes. Cette vitesse (massique) est basée sur la surface du courant croisé du liquide traversant perpendiculairement le faisceau tubulaire.

La surface d'écoulement du courant croisé entre chicanes est calculée en tenant compte des tubes et de l'espacement entre chicanes par la formule suivante : $A = \frac{(P_t - d_{ext})}{P_t} * D_c * E_c$

$$A = \frac{(25 - 20)}{25} * 894 * 10^{-3} * 178 * 10^{-3} = 0,032 m$$

Calcul de la vitesse massique $G$ du côté calandre :

$$G = \frac{D_{mét}}{A} = \frac{10^5}{3600} * \frac{1}{0,032} = 868\ Kg.s^{-1}.m^{-2}$$  *(Eq. 6.27)*

Calcul du diamètre hydraulique (équivalent) $D_{eq}$ de la calandre. Le diamètre hydraulique de la calandre est une fonction de la configuration des tubes :

- pour une configuration carrée, on obtient la relation suivante :

$$D_{eq} = \frac{4*\left(\frac{p_t^2 - \pi.d_i^2}{4}\right)}{d_i} = \frac{1,27}{d_i}\left(p_t^2 - 0,785.d_i^2\right) \qquad (Eq.\ 6.28)$$

- or pour une configuration triangulaire, on en déduit la formule :

$$D_{eq} = \frac{4*\left(\frac{p_t}{2}.0,87.p_t - \frac{1}{2}.\pi\frac{d_i^2}{4}\right)}{\frac{\pi.d_i}{2}}$$

$$= \frac{1,10}{d_i}\left(p_t^2 - 0,917.d_i^2\right)$$

$$(Eq.\ 6.29)$$

Dans notre cas, nous avons choisi une configuration triangulaire des tubes, le diamètre hydraulique de la calandre est donc :

$$D_{eq} = \frac{1,10}{20}\left(25^2 - 0,917 * 20^2\right) = 14,4mm \qquad (Eq.\ 6.30)$$

Température moyenne du fluide côté calandre :

$$\frac{95+40}{2} = 68°C \qquad (Eq.\ 6.31)$$

Densité du méthanol à $68°C$ : $C_{pMét} = 750\ Kg/m^3$ $\quad (Eq.\ 6.32)$

Viscosité du méthanol à $68°C$ : $\mu_{Mét} = 0,34\ Pa.s$ $\quad (Eq.\ 6.33)$

Conductivité thermique du méthanol à $68°C$ :

$$\lambda_{Mét} = 0,19\ W/m.°C \qquad (Eq.\ 6.34)$$

Calcul du nombre de Reynolds :

$$Re = \frac{G.D_{eq}}{\mu} = \frac{868*14,4.10^{-3}}{0,34.10^{-3}} = 36762 \qquad (Eq.\ 6.35)$$

Calcul du nombre de Prandtl :

$$Pr = \frac{C_{pMét}.\mu}{\lambda_{Mét}} = \frac{2,84.10^3 * 0,34.10^{-3}}{0,19} = 5,1 \qquad (Eq.\ 6.36)$$

- Coefficient de convection côté calandre calculé par la corrélation de Mc Adams pour les écoulements externes :

$$\frac{D_{eq}.h_{Cal}}{\lambda_{M\acute{e}t}} = 0,023(Re_{M\acute{e}t})^{0,8}(Pr_{M\acute{e}t})^{0,4}$$

$$h_{Cal} = \frac{0,19}{14,4.10^{-3}} * 0,023 * (36762)^{0,8} * (5,1)^{0,4} =$$

$$2615 \, W/m^2 {}^{\circ}C \, (Eq. \, 6.37)$$

Ce coefficient peut aussi être calculé par la formule : $h_{Cal} = j_h.Re.(Pr)^{0,33}.\left(\frac{\mu}{\mu_{paroi}}\right)^{0.14}$

avec $j_h$ : facteur de transfert de chaleur évalué à partir de l'abaque de $j_h$-calandre illustrée ci-après.

Le méthanol n'étant pas visqueux le rapport $\frac{\mu}{\mu_{paroi}}$ est donc négligeable. En utilisant l'abaque, on obtient par $j_h = 3,3.10^{-3}$, on a donc par la formule précédente : $h_{Cal} = 2740 \, W/m^2 {}^{\circ}C$.

La formule de $h_{Cal}$ utilisant $j_h$ se montre plus précise pour le calcul du coefficient de convection. C'est une formule empirique basée sur des résultats expérimentaux, elle prend en compte un paramètre important qui est l'ouverture des chicanes. Dans notre cas pour l'application de cette méthode, nous avons fixé cette valeur à 25% d'ouverture.

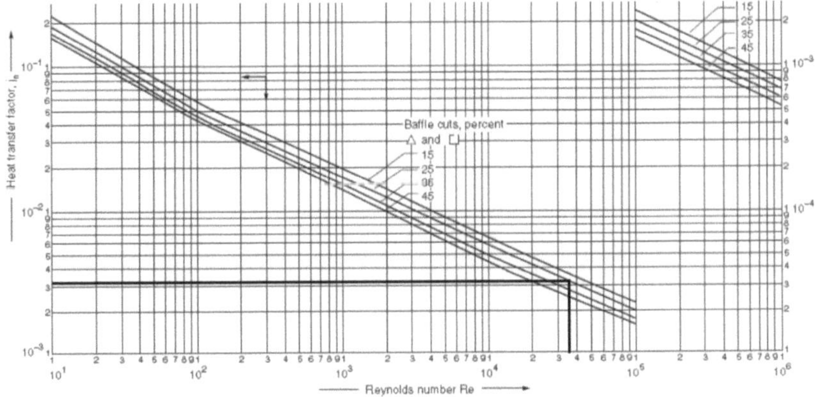

> ### ➤ *Calcul du coefficient global de l'échangeur*

Nous avons choisi précédemment, d'installer des tubes en alliage 90 Cu-10 Ni.La conductivité thermique de cet alliage est de 50 W/m°C. Or, comme vu précédemment au début de ce cours, le coefficient d'échange global d'un échangeur à faisceaux et calandre basé sur la surface d'échange externe s'écrit suivant la formule:

$$U_0 = \cfrac{1}{A_{\text{ext}}*\left(\dfrac{1}{h_{cal} \cdot A_{\text{ext}}} + \dfrac{R_{fcal}}{A_{\text{ext}}} + \dfrac{\ln\left(\frac{d_{ext}}{d_{int}}\right)}{2.\pi.L.\lambda_{cyl}} + \dfrac{R_{ftubes}}{A_{int}} + \dfrac{1}{h_{tubes} \cdot A_{int}}\right)} \qquad (Eq.\ 6.38)$$

avec : $\boldsymbol{R_{fcal}}$ et $\boldsymbol{R_{ftubes}}$, les résistances thermiques respectives de l'encrassement côté calandre et tubes en (m²°C/W).

$A_{int}$ et $A_{\text{ext}}$ : Les surfaces respectives externes et internes d'un tube.

$$A_{int} = \pi. d_{int}. L \qquad\text{et}\qquad A_{ext} = \pi. d_{ext}. L$$

On a donc :

$$\frac{1}{U_0} = \frac{1}{h_{cal}} + \boldsymbol{R_{fcal}} + \frac{\pi. d_{ext}. L. \ln\left(\frac{d_{ext}}{d_{int}}\right)}{2.\pi. L. \lambda_{cyl}} + \frac{\pi. d_{ext}. L. \boldsymbol{R_{ftubes}}}{\pi. d_{int}. L}$$
$$+ \frac{\pi. d_{ext}. L}{h_{tubes}. \pi. d_{int}. L}$$

$$\frac{1}{U_0} = \frac{1}{h_{cal}} + \boldsymbol{R_{fcal}} + \frac{d_{ext}. \ln\left(\frac{d_{ext}}{d_{int}}\right)}{2. \lambda_{cyl}} + \frac{d_{ext}. \boldsymbol{R_{ftubes}}}{d_{int}}$$
$$+ \frac{d_{ext}}{h_{tubes}. d_{int}}$$

$$(Eq.\ 6.39)$$

La 3ème table du paragraphe d'estimations de U présente des valeurs indicatives pour les deux résistances de l'encrassement interne et externe $\boldsymbol{R_{fcal}}$ et $\boldsymbol{R_{ftubes}}$ .

| Fluide | F. d'éncrassement (Résistance) $(m^{2\,\circ}C/W)$ |
|---|---|
| Eau de rivière | 0.0003–0.0001 |
| Eau de mer | 0.001–0.0003 |
| Liquides organiques | 0.0002 |
| Solution aqueuses de sels | 0.0003–0.0002 |

$R_{fcal} = 0,0002\ \mathbf{m^{2\circ}C/W}$ donc un facteur d'encrassement de :

$$\frac{1}{0.0002} = 5000\ W/m^{2\circ}C$$

$R_{ftubes} = 0,0003\ \mathbf{m^{2\circ}C/W}$ donc un facteur d'encrassement de :

$$\frac{1}{0.0003} = 3333\ W/m^{2\circ}C$$

Donc :

$$\frac{1}{U_0} = \frac{1}{2615} + 0,0002 + \frac{20.10^{-3}.\ln\left(\frac{20}{16}\right)}{2.50}$$

$$+ \frac{20.10^{-3}.0,0003}{16.10^{-3}} + \frac{20.10^{-3}}{3714,85\,.16.10^{-3}}$$

$$= 0,001339$$

$$\boxed{U_0 = 747\ W/m^{2\circ}C} \qquad (Eq.\ 6.40)$$

Vérification : $\dfrac{U_{calc} - U_{sup}}{U_{calc}} = \dfrac{747-600}{747} = 19.5\% < 30\%$

La valeur du coefficient global calculée est donc acceptée.

> **➤ *Calcul des pertes de charges dans les tubes et la calandre :***

- *Perte de charge dans les tubes*

Concernant la perte de charge dans les tubes, nous disposons de la formule citée précédemment :

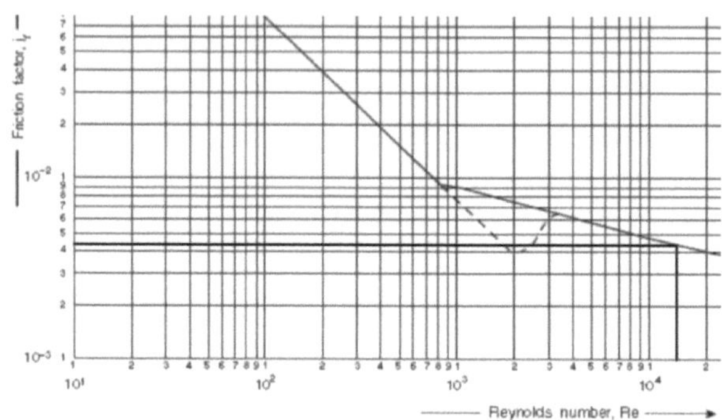


$$\Delta P = N_P \left[ 8.\, j_f.\left(\frac{L}{d_i}\right)\left(\frac{\mu}{\mu_{paroi}}\right)^{-m} + 2{,}5 \right]\frac{\rho.v^2}{2} \qquad (Eq.\ 6.41)$$

Avec :    $\Delta P$ : Pertes de charge dans les tubes en Pa (N/m²)

$N_P$ : Nombre de passes côté tubes, 2 dans notre cas.

$v$ : Vitesse du fluide dans les tubes en m/s : 0.75 m/s

$L$ : Longueur des tubes : 4.83 m

$d_i$ : Diamètre interne des tubes : $16.10^{-3}m$

Le rapport $\dfrac{\mu}{\mu_{paroi}}$ est pris égal à 1 en raison de la faible variation de la viscosité entre le centre de tube et au voisinage de la paroi pour un écoulement d'eau saumâtre.

Le facteur de friction $j_f$ du côté des tubes est évalué par l'abaque du chapitre 3 pour un nombre de Reynolds $Re = 1{,}4925.\,10^4$. $j_f$ est égal à $4{,}3.10^{-3}$. Donc :

$$\Delta P = 2.\left[ 8*4.3*10^{-3}.\left(\frac{4.83}{16*10^{-3}}\right) + 2{,}5 \right]\frac{995*0.75^2}{2}$$

$$\Delta P = 7211.29\ N/m^2\ (Pa) = 7.211\ \text{KPa}$$

$$= 0.0735\ \text{Kg/cm}^2 = 1.1\ \text{Psi} \qquad (Eq.\ 6.42)$$

$$(1\ Pa = 6894.76\ \text{Psi} = 9.8*10^{4}\ Kg/cm^2)$$

Cette valeur de perte de charge côté tubes se montre assez faible ($\Delta P_{admissible} = 0.35\ Kg/cm^2$). Il est donc possible de choisir des tubes de diamètre standard plus petits, 16 mm de diamètre extérieur au lieu de 20, en gardant 2 mm d'épaisseur. Dans le cas d'un calcul assisté par ordinateur (programme de calcul) il est facile de recalculer les différents paramètres de design de l'échangeur après modification de l'un des paramètres d'ajustement (standards) ; taille ou longueur des tubes, espacement entres chicanes, taille et types de calandre, types de boite de jonction.

- *Perte de charge dans la calandre*

Pour la calandre, nous avons recours à la formule empirique précédemment vu :

$$\Delta P_{cal} = 8.j_f \cdot \left(\frac{L}{E_c}\right)\left(\frac{D_c}{D_e}\right)\left(\frac{\rho.v^2}{2}\right)\left(\frac{\mu}{\mu_{paroi}}\right)^{-0.14} \qquad \text{(Eq. 6.43)}$$

Avec L :   Longueur des tubes $(4,83 * 10^3 mm)$,

$E_c$ : Espacement entre chicanes $(178mm)$,

Dans notre cas, nous avons choisi une configuration triangulaire des tubes, le $D_e$ qui se calcule donc par l'équation suivante :

$$D_{eq} = \frac{1,10}{d_i}\left(p_t^2 - 0,917.d_i^2\right) = 14,4\ mm, D_c \qquad \text{(Eq. 6.44)}$$

et $D_e$ sont respectivement le diamètre de calandre et le diamètre équivalent $(894\ et\ 14,4\ mm)$, $v$ :   vitesse   linéaire   $\left(\frac{G}{\rho} = \frac{868}{750} = \right.$ $1,16m/s, jf$ : facteur de friction de la calandre.

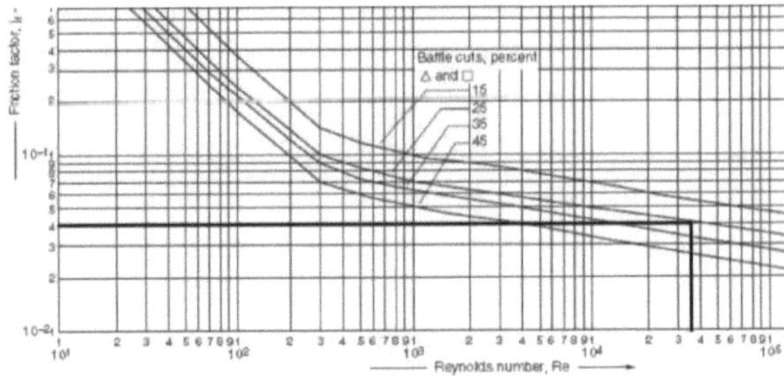

$j_f$ est évalué par l'abaque suivante en utilisant Reynolds calculé ($Re_{cal} = 36762$) et l'ouverture des chicanes choisies à 25 %. On trouve $j_f = 4.10^{-2}$

En négligeant la variation radiale de viscosité du méthanol dans la calandre, on aura :

$$\Delta P_{cal} = 8 * 4.10^{-2}. \left(\frac{4{,}83*10^3}{178}\right) \left(\frac{894}{14{,}4}\right) \left(\frac{750*1{,}16^2}{2}\right) \qquad (Eq.\ 6.45)$$

$$\Delta P_{cal} = 272019 \ \text{N/m}^2 (Pa) = 2.781 Kg/cm^2$$

Cette valeur est excessive par rapport à celle admissible. Il serait donc plus avantageux d'améliorer la viabilité de cet échangeur en augmentant soit l'espacement entre chicanes (existant au dénominateur de la formule de $\Delta P_{cal}$) ou leurs ouvertures ( 45 % au lieu de 25 %) cela permet habituellement d'obtenir des valeurs de $\Delta P_{cal}$ admissibles. Lorsque ces ajustements précités sont insuffisants pour atteindre des valeurs admissibles, il est possible d'augmenter la vitesse linéaire d'écoulement dans la calandre en augmentant le pas tubulaire. Cependant, l'augmentation de vitesse devra se faire en tenant compte des limitations (max et min) de vitesses admissibles (API autorise jusqu'à 3 m/s).

## 2. Échangeur tubulaire à condensation partielle : application aux mélanges binaires

Plusieurs outils de simulation des procédés permettent l'étude thermodynamique des mélanges et la prise en compte de la non-idéalité à travers la modélisation des coefficients d'activités. Cependant les outils spécialisés dédiés au calcul et au design des échangeurs de chaleur sont souvent incapable d'inclure dans la procédure de calcul des échangeurs tubulaire une procédure de prédiction de l'équilibre liquide-vapeur, permettant d'associer un modèle de calcul des coefficients d'activité au calcul de la composition des phases. Cette prise en compte permettra un calcul précis des différentes propriétés du mélange aux différentes températures et permettra aussi de calculer la quantité de chaque phase y compris le condensat. Dans ce cas le design d'échangeur se basera sur des données assez précises du cas à traiter permettant une bonne précision des paramètres de design retenus.

Le cas présent traite le design d'un échangeur à faisceaux et calandres servant à refroidir le chlore gazeux humide en chauffant une saumure. L'algorithme de calcul suivi dans ce cas est celui dont les bases sont édites par TEMA détaillé précédemment. Il s'agit donc de chauffer un liquide sans changement de phase (saumure coté tubes), avec un mélange gazeux composé de chlore et de vapeur d'eau qui sera sujet de condensation à l'intérieure de la calandre (condensation partielle dans notre cas).

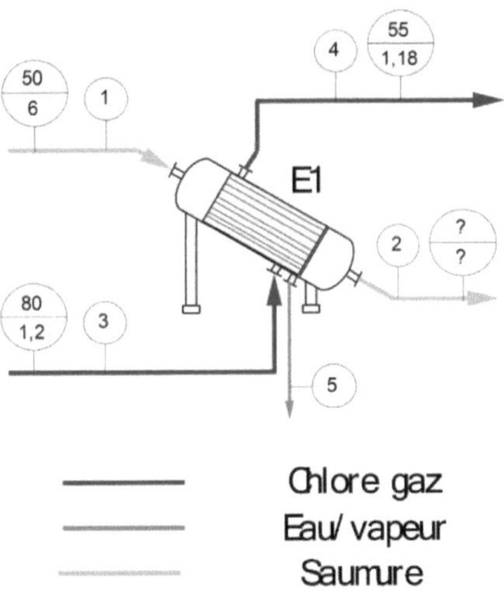


*(cette étude à fait l'objet d'un travail de stage de fin d'étude de deux éleves-ingénieurs de l'ENIM : Mehdi Hababa et Hasan Agalit)*

Les débits et températures entrée-sortie de l'échangeur sont déterminés à l'aide des bilans matière et énergie. L'échangeur E1 à dimensionner illustré dans la figure, est donc un échangeur économiseur tubulaire à condensation partielle, qui va refroidir le chlore de 80°C à 55°C (coté tubes), avec la saumure à chauffer (coté calandre), qui arrive à l'échangeur avec une température de 50°C. L'échangeur à dimensionner est prévu être fabriqué complètement en titane pour résister à la corrosion intense des deux fluides, le chlore et la saumure.

Les étapes de calcul du design de l'échangeur tubulaire à condensation partielle ont été réalisées en adoptant la méthode Delaward[1] utilisée spécifiquement pour le calcul des coefficients de transfert et les pertes de charges.

## 2.1 Algorithme conventionnel de calcul adopté

L'algorithme suivant représente les étapes de calcul suivi pour cette étude.

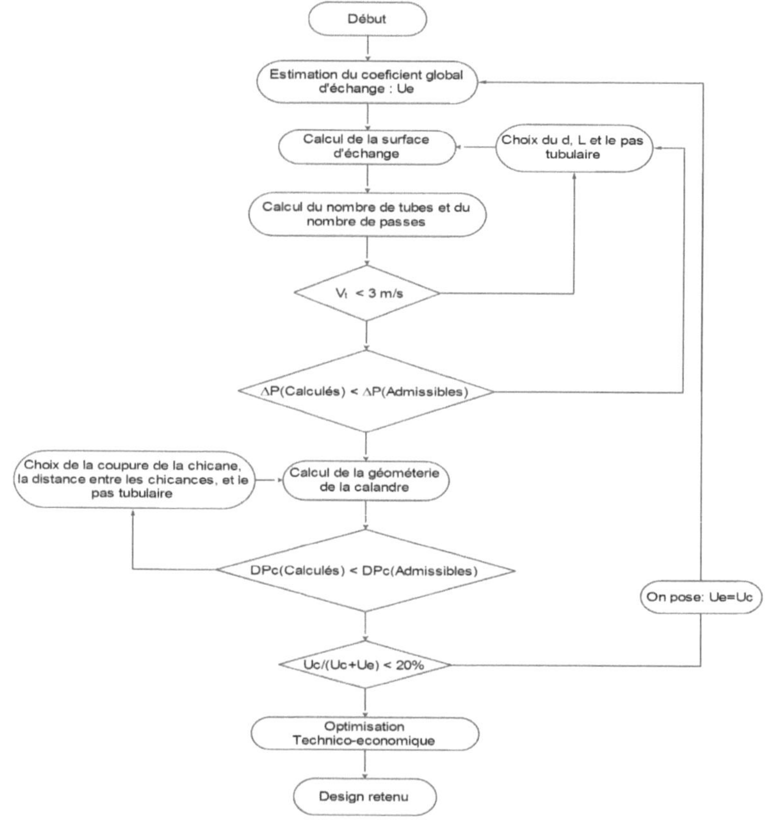


---

[1]

W. Serth, Robert. Process Heat Transert. s. l. : Elsevier Science & Technology Books, 2007 et T. Kuppan. Heat Exchanger Design Handbook. Marcel Dekker, NY, 2000.

## 2.2    Détails des étapes de calcul

L'exécution d'algorithme de calcul a été réalisée en suivant plusieurs étapes.

- *Étape 1 : Calcul du flux Q à échanger*

Le flux de chaleur à échanger est calculé à l'aide de l'équation suivante :

$$Q = \dot{m}_L Cp_L (T_{Ls} - T_{Le})$$

- *Étape 2 : Estimation du coefficient d'échange*

Cette étape comporte le choix d'une valeur du coefficient global d'échange parmi les valeurs existantes dans la littérature, ainsi que le calcul de la surface d'échange approximative $A_{Aprox}$ de l'appareil à partir de la relation suivante :

$$A_{Aprox} = \frac{Q}{U_e \Delta T_{LM}}$$

Avec :
$$\Delta T_{LM} = \frac{(T_{Ge} - T_{Le}) - (T_{Gs} - T_{Ls})}{Ln \dfrac{(T_{Ge} - T_{Le})}{(T_{Gs} - T_{Ls})}}$$

$A_{Aproc}$ : surface d'échange aproximative ($m^2$)

$Q$ : la quantité de chaleur échangée (kj)

$U_e$ : coefficient global d'échange ($W/m^2.°C$)

$\Delta T_{LM}$ : différence logarithmique moyenne de température (°C)

- *Étape 3 : Choix du diamètre et de la longueur des tubes*

Ce choix se fait en observant les standards pour assurer une vitesse d'écoulement convenable du fluide dans les tubes, de façon à être inférieure à 3m/s. Le nombre de tubes nécessaire pour l'échangeur est donné à l'aide de la formule suivante :

$$N_t = \frac{A_{prox}}{L_{te}\,\pi\,d_{et}}$$

Avec : $L_{te} = L_t - 2i_j$      et      $i_j = 2d_{et}$

Le débit de la saumure dans chaque tube est : $\dot{m}_{Lt} = \dfrac{\dot{m}_L}{N_t}$.

Et la vitesse de l'écoulement est trouvée à l'aide de la relation

suivante :        $V_t = \dfrac{\dot{m}_{Lt}}{\rho_L A_{Aprox}}$

$L_t$   : longeur du tube (mm)

$L_{te}$   : longeur effective du tube (mm)

Avec : $d_{et}$   : diamètre éxtérieure du tube (mm)

$N_t$   : nombre de tubes

$i_j$    : longueur du joint à l'extrimité du tube (mm)

- Si  $V_t \leq 3$ m/s, on garde les valeurs choisies du diamètre extérieur et longueur des tubes. Sinon, on les change afin de manière à avoir $V_t \leq 3$ m/s.

*Remarque* : La longueur des tubes d'un échangeur tube et calandre ne doit pas dépasser 5 m pour des raisons de vibrations, d'entretien et de transport. Pour augmenter la surface d'échange sans dépasser les 5 m, il est parfois nécessaire d'augmenter le nombre de passe, cependant cette augmentation est généralement accompagnée d'une augmentation des pertes de charge aussi.

*Référence* : Mukhejee, Rajiv. Affectively Design Shell-and-Tube Heat Exchangers. Chemical engineering progress, 1998.


- *Étape 4 : Calcul des pertes de charges côté tubes*

On calcule les pertes de charge dans les tubes et on compare le résultat avec les pertes de charge admissible.

- Si le test est négatif, on reprend le calcul de l'étape 3, en modifiant soit le diamètre des tubes, soit la longueur.
- Sinon on passe à l'étape 5.

Le calcul des pertes de charge doit tenir compte :

- $\Delta P_f$ : Des pertes de charge par frottement dans les tubes

- $\Delta P_T$ : Des pertes de charge à l'entrée et à la sortie des tubulures de l'appareil

- $\Delta P_p$ : Des pertes de charges à l'entrée et la sortie des tubes, et les pertes dues au nombre de passes.

Ainsi les pertes de charge pour un échangeur tubulaire coté tubes sont données par: $\Delta P_t = \Delta P_f + \Delta P_T + \Delta P_p$.

*Référence* : W. Serth, Robert. Process Heat Transert. s. 1 : Elsevier Science & Technology Books, 2007.

Avec : 
$$\Delta P_f = \frac{f N_t L_t \dot{m}_L^{\;2}}{2000 d_i s \Phi}$$

$$\begin{cases} f = \dfrac{64}{\mathrm{Re}} & \mathrm{Re} < 3000 \\[2mm] f = 0,4137\,\mathrm{Re}^{-0,2485} & \mathrm{Re} \geq 3000 \end{cases}$$

$$\Delta P_p = 5.10^{-4}\,\alpha_r \frac{\dot{m}_L^{\;2}}{s}$$

$s$ : densité du liquide

$d_i$ : diamètre intérieur du tube

$\alpha_r$ est un coefficient dépendant du régime d'écoulement. Il est trouvé par le tableau suivant :

| Flow regime | Regular tubes | U-tubes |
| --- | --- | --- |
| Turbulent | $2 n_p - 1.5$ | $1.6\, n_p - 1.5$ |
| Laminar, $Re \geq 500$ | $3.25\, n_p - 1.5$ | $2.38\, n_p - 1.5$ |

Avec :

$$\begin{cases} \Delta P_T = 7{,}5*10^{-4} N_{Ca} \dfrac{\dot{m}_{LT}^{\,2}}{s} & \text{Régime turbulent} \\[2em] \Delta P_T = 1{,}5*10^{-3} N_{Ca} \dfrac{\dot{m}_{LT}^{\,2}}{s} & \text{Régime laminaire } Re_t \geq 100 \end{cases}$$

$$Re_T = \frac{\rho v_T d_{iT}}{\mu_L} \qquad et \qquad \dot{m}_T = \frac{4\dot{m}_L}{\pi d_{iT}^2} \qquad et \qquad d_{iT} = \sqrt{\frac{4\dot{m}_L}{\pi v_T}} \quad (1{,}1)$$

Les vitesses de l'écoulement dans les tubulures d'entrée sortie de l'appareil sont choisies à des valeurs inférieures à 6m/s.

*Référence* : Mukhejee, Rajiv. Affectively Design Shell-and-Tube Heat Exchangers. Chemical engineering progress, 1998.

$$N_C \quad : \text{nombre de chicanes}$$

Avec : $\quad E_C \quad$ : espacement entre les chicances

$$D_C \quad : \text{diametre de la calandre}$$

- *Étape 5 : Choix de la disposition des tubes*

La distance entre les axes des tubes appelée pas tubulaire (Pitch) est au minimum égale à 1,25 fois le diamètre extérieur des tubes, elle dépend donc de la configuration des tubes (carrés, triangles, …).

Les configurations les plus utilisées sont présentées dans le tableau suivant :

| Pattern | | $d_e$ (in) | $P =$ pitch (in) | $\dfrac{P}{d_e}$ | $P - d_e$ (in) |
|---|---|---|---|---|---|
| | △ | 5/8 | $\dfrac{13}{16}$ | 1.30 | $\dfrac{3}{16} = 0.187$ |
| | △ | 3/4 | $\dfrac{15}{16}$ | 1.25 | $\dfrac{3}{16} = 0.187$ |
| □ | △ | 3/4 | 1 | 1.33 | $\dfrac{1}{4} = 0.25$ |
| □ | △ | 1 | $1^{1/4}$ | 1.25 | $\dfrac{1}{4} = 0.25$ |
| □ | | $1^{1/4}$ | $1^{9/16}$ | 1.25 | $\dfrac{5}{16} = 0.3125$ |

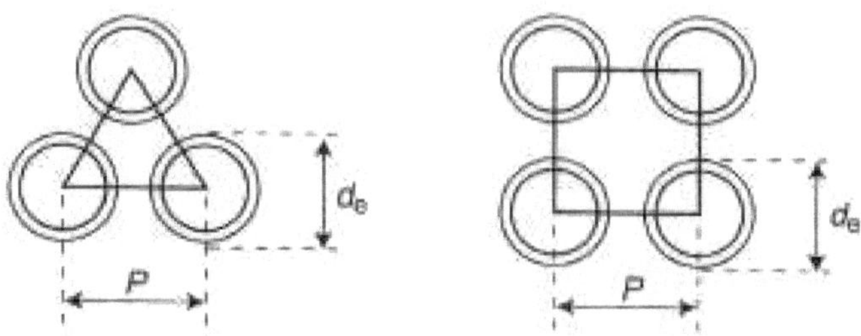


*Référence* : Trambouze, Pierre. Matériels et Equipements. Editions Technip, Paris, 1999.

Le diamètre de la calandre est une fonction du diamètre extérieur des tubes et du pas tubulaire (voir chapitre 6).

L'espacement entre le faisceau tubulaire suit la relation suivante :

$$E_C = 12 + 0,005 * D_C$$

La distance entre les chicanes est comprise entre $\dfrac{D_C}{5}$ et $D_C$. Elle est généralement prise égale à 0,8 $D_C$. Le nombre des chicanes est calculé par :

$$N_C = E\left(\frac{L_{te}}{E_C}\right) - 1$$

$D_C$ : diamètre de la calandre (mm)

Avec : $E_C$ : espacement entre les chicances (mm)

$N_C$ : nombre de chicances

*Références* : James O. Maloney. Handbook, Perry's Chemical Engineering, 8th Edition, 2008 et T. Kuppan. Heat Exchanger Design Handbook. Marcel Dekker, NY, 2000.

- *Étape 6 : Calcul des pertes de charge coté calandre*

On calcul les pertes de charge coté calandre et on les compare avec les pertes de charge admissibles.

- Si le test est négatif, on revient à l'étape 5 en recroissant la disposition des tubes.
- Sinon, on passe à l'étape 7.

Les pertes de charge pour un échangeur tubulaire coté calandre sont données par la formule suivante :

$$\Delta P_C = \Delta P_f + \Delta P_T$$

❖ Les pertes de charge par friction côté calendre $\Delta P_f$ sont calculées d'une manière générale en utilisant l'équation suivante en

SI :     $$\Delta P_f = \frac{f\ F_G{}^2 D_C (N_C + 1)}{2000 D_e s \phi}.$$

Avec :   $\Delta P_f$ : pertes de charge par friction en (Pa)

$f$ : facteur de friction côté calendre (sans dimension)

$F_G$ : flux massique $= \dot{m} / a_S$ en (kg/s.m²)

$a_S$ : surface de flux à travers le faisceau tubulaire en (m²)

$$= d_e s C' E_C / P_T$$

$D_C$ : diamètre intérieur de la calandre en (m)

$C'$ : espacement entre les tubes en (m)

$E_C$ : espacement entre chicanes en (m)

$P_T$ : pitch des tubes en (m)

$N_C$ : nombre de chicanes

$D_e$ : diamètre équivalent tiré à partir de la figure en (m)

$s$ : densité du fluide (sans dimension)

$\phi$ : facteur de correction de la viscosité $= (\mu / \mu_w)^{0,14}$ (sans dimension)

$x_e$ : fraction de la vapeur à la sortie de la calendre

Le facteur de friction $f$ est calculé par la relation suivante :

$$f = 144\{f_1 - 1,25(1 - E_C / D_C)(f_1 - f_2)\}\ (1,2)$$

Pour $\mathrm{Re} \geq 1000$ :

$$\begin{cases} f_1 = (0,0076 + 0,000166 D_C)\,\mathrm{Re}^{-0,125} & 8 \leq D_C \leq 42 \\ f_2 = (0,0016 + 5,8 \times 10^{-5} D_C)\,\mathrm{Re}^{-0,157} & 8 \leq D_C \leq 23,25 \end{cases}$$

*N.B. :* $D_C$ *est en* $in$, $f_1$ *et* $f_2$ *sont en* $ft^2 / in^2$.

Lors d'une condensation de vapeur pur au sein de l'échangeur de chaleur, les pertes de charge par friction sont calculées en fonction des pertes de charge par friction côté calendre $\Delta P_f$ par l'approximation

suivante : $$\Delta P_f{}' = \overline{\phi}_{VO}^{\,2} \cdot \Delta P_f$$

Bell et Mueller publient un graphe donnant le coefficient de correction $\overline{\phi}_{VO}^{\,2}$ en fonction de $x_e$, ce dernier peut être modélisé par l'équation suivante :

$$\overline{\phi}_{VO}^{\,2} = 0,33 + 0,22 x_e + 0,61 x_e^{\,2} \qquad (0 \leq x_e \leq 0,95)$$

❖ Pertes de charge à travers les tubulures côté calandre $\Delta P_T$. Elles sont calculées par la même méthode utilisée dans le côté tubes illustrés dans l'étape 4.

> *Référence* : W. Serth, Robert. Process Heat Transert. s. 1 : Elsevier Science & Technology Books, 2007.

- *Étape 7 : Calcul du coefficient global d'échange*

Le coefficient global d'échange U pour l'échangeur propre est donnée par la relation suivante :

$$\frac{1}{U_C} = \frac{d_e}{h_i d_i} + \frac{d_e}{2\lambda_t} \ln \frac{d_e}{d_i} + \frac{1}{h_o}$$

Il faudra donc calculer les coefficients locaux $h_i$ et $\mathrm{h}_o$.

❖ **Coefficient de transfert coté tubes** $h_i$

Le coefficient de transfert à l'intérieur des tubes est donné par la relation suivante : $h_i = \lambda_s . \dfrac{N_{ut}}{d_i}$ .

Pour le calcul du nombre de Nuselt on peut utiliser la corrélation de Seider-Tate et Hausen, qui dépendent du régime de l'écoulement.

- Si $\mathrm{Re} \geq 10^4$ : $N_U = 0,023 . \mathrm{Re}^{0,8} . \mathrm{Pr}^{1/3} . (\dfrac{\mu}{\mu_m})^{0,14}$

- Si $2100 \leq \mathrm{Re} \leq 10^4$ :

$$N_u = 0,116 . \left[ \mathrm{Re}^{2/3} - 125 . \mathrm{Pr}^{1/3} . (\dfrac{\mu}{\mu_m})^{0,14} \right] (1,3)$$

- Si $\mathrm{Re} < 2100$ :

$$N_u = 1,86 . \left[ \mathrm{Re} . \mathrm{Pr} . \dfrac{d_e}{L_t} \right]^{1/3} . (\dfrac{\mu}{\mu_m})^{0,14} (1,4)$$

Avec : $\mathrm{Re} = \dfrac{\rho * v_t * d_i}{\mu}$  et  $\mathrm{Pr} = \dfrac{\mu . C_p}{\lambda} (1,5)$

*Référence* : W. Serth, Robert. Process Heat Transert. s. l : Elsevier Science & Technology Books, 2007.

❖ **Coefficient de transfert coté calandre** $h_o$

Le coefficient de transfert dans le cas de condensation à l'extérieure des tubes horizontales est donné par la corrélation suivante : $h_o = 0,728 \left[ \dfrac{\lambda_L^3 \rho_L (\rho_L - \rho_V) g L_v}{\mu_L (T_V - T_W) d_e} \right]^{1/4}$ $(1,6)$

$L_V$ : la chaleur latente de condensation en kJ / kg

$g$ : accélération de la pesenteur en m$^2$ / $s$

$T_W$ : la température de mur en °C

$T_V$ : température de la vapeur totale en °C

$\mu_L$ : la viscosité des condensats en kg/m.s

$h_o$ : le coefficient de transfert dans le cas de condenstion à l'extérieur des tubes horiontales

$\lambda_L$ : la conductivité thermique des condensats en W/m .°C

$d_e$ : diamètre extérieur de tube en m

*Référence* : W. Serth, Robert. Process Heat Transert. s. l :
Elsevier Science & Technology Books, 2007.

- Cas d'un échangeur de chaleur tubulaire incliné

En général l'inclinaison d'un échangeur de chaleur « condenseur »
varie entre 0° et 45°. Et pour tenir compte de l'effet de cette
inclinaison sur le coefficient de transfert local on remplace $g$ dans la
corrélation précédente par $g \cos \theta$.

- Cas où la vapeur d'entrée est surchauffée

La corrélation au-dessus ne prend pas en compte la chaleur
sensible perdue par le gaz pour arriver à la température de saturation,
donc pour corriger ce défaut on remplace $\lambda$ dans la corrélation au-
dessus par $\lambda'$ donnée par l'expression suivante :

$$L_V' = L_V + \frac{\dot{m}_V c_{P,V}}{W}(T_V - T_{V\,sat})$$

$\dot{m}_V$ : le débit massique totale de la vapeur à l'entrée de l'échangeur

$c_{P,V}$ : la chaleur spécifique de la vapeur totale

$W$ : le débit massique des condensats

$T_{V\,sat}$ : température de saturation de la vapeur en °C

En tenant compte des deux corrections précédentes, le coefficient

de transfert devient : $h_o = 0,943 \left[ \dfrac{\lambda_L^3 \rho_L (\rho_L - \rho_v) L_V' \, g \cos \theta}{\mu_L (T_{V\,sat\,moy} - T_W) d_e} \right]^{1/4}$ .

$T_{V\,sat\,moy}$ : la température moyenne de saturation de la vapeur totale en °C

                                             

*Référence* : W. Serth, Robert. Process Heat Transert. s. 1 : Elsevier Science & Technology Books, 2007.

La température moyenne du film $T_f$ :

$$T_f = \beta T_W + (1 - \beta)T_{V\,sat\,moy}$$

$\beta$ : le facteur de masse

Avec : $\beta$ est compris entre 0,5 et 0,75. Ici on prend alors $\beta$=0,75.

*Référence* : W. Serth, Robert. Process Heat Transert. s. 1 : Elsevier Science & Technology Books, 2007.

- Correction du coefficient de transfert :

Le coefficient de transfert précédent ne prend pas en considération le géomètre de la calandre (la coupure des chicanes, distance entre chicanes…).

Le coefficient de transfert coté calandre corrigé ($h_0{}'$), est obtenu en multipliant un coefficient ho qualifié d'idéal par un ensemble de facteurs de correction qui représentent la non-idéalité dans un échangeur de chaleur tube et calandre. Cette méthode est connue sous le nom de Delware : $h_0{}' = h_{idéal}.(J_c.J_L.J_B.J_R.J_S)$.

Avec :

$J_C$ : facteur de correctionpour l'*écoulement à* travers la fenétre de la chicane.

$J_L$ : facteur de correction pourles effets de fuite *à* travers la chicane.

$J_B$ : facteur de correction pour les effets de déviation du faisceau.

$J_R$ : facteur de correction de débit laminaire.

$J_S$ : facteur de correction pour l'espacement de chicane inégale.

- Les corrélations pour le calcul des facteurs de correction

**a.** Facteur de correction pour l'écoulement à travers la fenêtre de la chicane : le facteur de correction $J_C$ exprime l'effet de l'écoulement à travers les fenêtres de la chicane sur le transfert thermique. Pour les chicanes de coupure entre 15 et 45% (Figure 3.2), $J_C$ est donné par la relation linière suivante :

$$J_C = 0,55 + 0,72.F_C.$$

Avec :
$$F_C = 1 + \frac{1}{\pi}(\sin(\theta_{otl}) - \theta_{otl})$$

$$\theta_{otl} = 2.\cos^{-1}\left[\frac{Dc(1-2.C_C)}{D_{ctl}}\right] \quad \text{et} \quad D_{ctl} = D_F - d_e$$

$C_C$ : coupure de la chicane

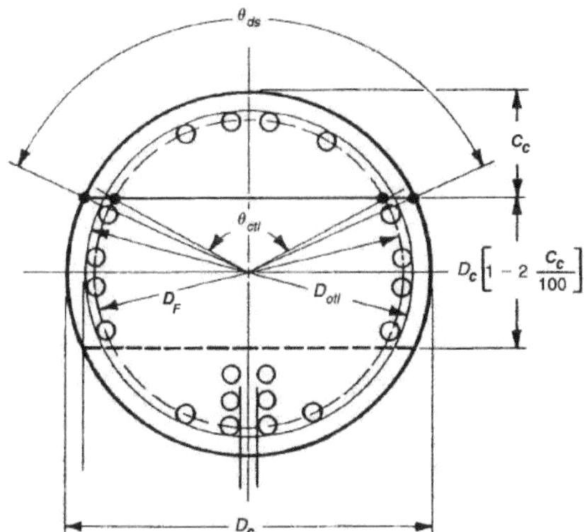


**b.** Facteur de correction pour les effets de fuite à travers la chicane : le facteur de correction $J_C$ exprime l'effet des fuites de flux entre le tube et chicane, et entre le fuseau tubulaire et l'enveloppe sur le transfert de chaleur. Ce facteur de correction est donné par la relation suivante :
$$J_l = 0,44(1-r_s) + \left[1 - 0,44(1-r_s)\right]\exp(-2,2r_L)$$
.

Avec :
$$r_S = \frac{S_{sb}}{S_{sb} + S_{tb}} \quad \text{et} \quad r_L = \frac{S_{sb} + S_{tb}}{S_m}$$

$$S_{tb} = 0,5\pi d_e \delta_{tb} N_t (1-F_C) \quad \text{et} \quad S_{sb} = D_C \delta_{sb}(\pi - 0,5\theta_{ds})$$

$$S_m = B\left[(D_C - D_F) + \frac{D_{ctl}(P_T - d_e)}{P_T}\right]$$

$$S_b = C_C(D_C - D_F)$$

$$\theta_{ds} = 2\cos^{-1}(1 - 2C_C) \quad \text{et} \quad \delta_{sb} = 1,55 + 0,002D_C$$

$S_{sb}$ : la distance entre la chicane et la calandre.

$S_{tb}$ : la distance entre la chicane et du tube (jeu).

$S_m$ : la section d'écoulementminimum dans un espace de chicane.

$S_b$ : la surface du By-pass.

$\delta_{tb}$ : la distance entre la chicane et du tube (jeu).

$\delta_{sb}$ : la distance entre la chicane et la calandre.

$\theta_{ds}$ : l'angle de la fenêtre chicane.

$S_{sb}$ : surface de fuite entre chicane et calandre.

$S_{tb}$ : surface de fuite entre tube et chicane. $\delta_{tb}$ est en général prise égale à $0,4$mm pour les tubes de diamétre extrieur inférieur à $31,75$mm.

**c.** Facteur de correction pour l'espacement de chicane inégale : le facteur de correction représente l'effet de la déviation de l'écoulement du fuseau tubulaire (*bypass*), ce dernier est calculé à partir de :

$$\begin{cases} J_B = 1 & \text{pour } r_{ss} > 0,5 \\[2mm] J_B = \exp\left[-\dfrac{C_J S_b}{S_m}(1 - \sqrt[3]{r_{SS}})\right] & \text{pour } r_{ss} < 0,5 \end{cases}$$

$$\text{Avec :} \quad \begin{cases} C_J = 1,35 & \text{pour } R_e < 100 \\[2mm] C_J = 1,35 & \text{pour } R_e \geq 100 \end{cases}$$

$$r_{SS} = \frac{N_{SS}}{N_{Rt}}$$

$N_{SS}$ : Nombre de paires de bandes d'étanchéité.

$r_{SS}$ est en général pris égale à $0,1$.

**d.** Facteur de correction qui dépend du régime de l'écoulement : le facteur de correction $J_R$ représente le taux de diminution coefficient de transfert de chaleur en fonction de la longueur, dans le cas d'un régime laminaire il est calculé par :

$$\begin{cases} J_R = 1 & \text{pour } R_e > 100 \\[2mm] J_R = \left(\dfrac{10}{N_t^{0,18}}\right) & \text{pout } R_e \leq 100 \end{cases}$$

Avec :
$$N_{ct} = (N_C + 1)(N_{Rt} + N_{cw})$$

$$N_{Rt} = \frac{D_C(1 - 2C_C)}{P_T} \qquad \text{et} \qquad N_{cw} = \frac{0,8C_C D_C}{P_T}$$

$N_{ct}$ : Nombre de rangées de tubes franchi en circulation *à* travers la calandre.

$N_{Rt}$ : Nombre de rangées de tubes croisé entre les pointes de chicanes.

$N_{cw}$ : Nombre effectif de rangées de tubes franchi en circulation *à* travers une fenêtre de chicane.

**e.** Facteur de correction pour l'espacement de chicane inégale : le facteur de correction $J_S$ dépend de l'espacement entre le support des tubes (inlet tubes-sheet) et chicanes $C_e$, de l'espacement entre de la chicane de sortie et le support des tubes à la sortie (outlet tubes-sheet) $C_S$, ainsi que de l'espacement entre les chicanes centrales C.

$J_S$ est calculé à partir des équations suivantes :

$$\begin{cases} J_S = 1 & \text{si} \quad C = C_e = C_S \\[4mm] J_S = \dfrac{(N_C - 1) + \left(\dfrac{C_e}{C}\right)^{1-n_1} + \left(\dfrac{C_S}{C}\right)^{1-n_1}}{(N_C - 1) + \left(\dfrac{C_e}{C}\right) + \left(\dfrac{C_S}{C}\right)} & \text{sinon} \end{cases}$$

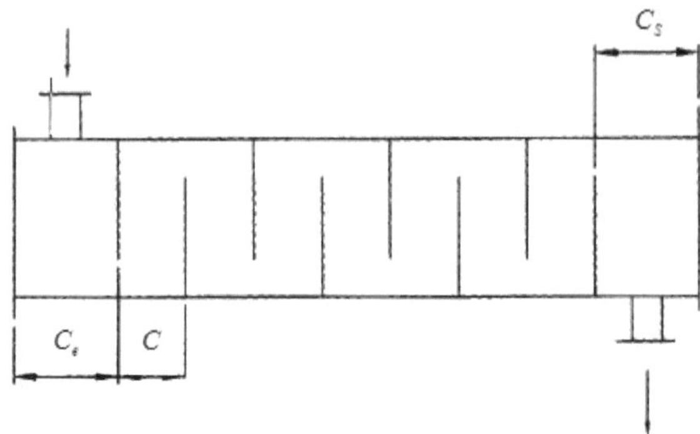

**Distance entre la 1ère chicane et le support des tubes**

$$\begin{cases} n_1 = 0,6 & \text{pour} \quad R_e \geq 100 \\[2mm] n_1 = \dfrac{1}{3} & \text{pour} \quad R_e < 100 \end{cases}$$

Avec :

Après avoir calculé le coefficient global d'échange corrigé, ce dernier et comparé avec le coefficient global d'échange estimé.

- Si $U_{estimé} - U_{calculé(corrigé)} \neq 0$, une re-supposition du coefficient global s'impose, ainsi les étapes précédentes sont à recalculer.
- Si les deux coefficients sont proches, le design est retenu.


- Correction du coefficient d'échange global « Condensation d'un mélange binaire »

Lors de la condensation d'un mélange binaire de vapeurs, la température de condensation du flux chaud varie de l'entrée à la sortie du condenseur. Donc, pour bien évaluer le coefficient d'échange dans ce cas particulier, Bell and Mueller ont proposé la méthode corrective suivante qui remplace le coefficient d'échange global $U_D$ par $U_D{'}$, en tenant compte de la résistance due à la chaleur sensible cédée par la vapeur tout au long de l'intervalle de température de condensation.

Cette méthode corrective est applicable dans le cas où l'enthalpie du mélange varie presque linéairement avec la température. Dans ce cas le coefficient global devient :

$$U_D{'} = \left[ U_D^{-1} + (q_{sens} / q_{Tot}) h_V^{-1} \right]^{-1}$$

Avec :  $q_{sens}$ : la chaleur sensible de refroidissement de la vapeur

$q_{Tot}$ : la chaleur totale

$h_V$ : le coefficient de transfert de vapeur, calculé en utilisant un débit moyen de la vapeur

La chaleur sensible de la vapeur est estimée à partir de la chaleur spécifique de la vapeur $\overline{c}_{p,V}$ , et du débit moyen de la vapeur ; selon la

relation suivante : $q_{sens} = 0{,}5\overline{c}_{p,V} (\dot{m}_{V,in} + \dot{m}_{V,out})(T_{V,in} - T_{V,out})$ .

*Référence* : W. Serth, Robert. Process Heat Transert. s. l : Elsevier Science & Technology Books, 2007.

## 2.3  *Calculs de design de l'échangeur étudié*

### 2.3.1 *Données de calcul*

Propriétés thermodynamiques des flux :

|  | Mélange chlore et eau | Saumure |
|---|---|---|
| Tm (°C) | 67,5 | 52,61 |
| Cp (kj/kg°C) | 0,8 | 3,13 |
| débit (kg/h) | 8754,5 | 121881,13 |
| k (W/m°C) | 0,057688 | 0,68 |
| µ viscosité (pa,s) | 0,000086706 | 9,38E-04 |
| ρ (Kg/m3) | 2,7 | 1149,82 |
| µ viscosité (pa,s) à Twm = 60°C | - | 8,30E-04 |
| Λ (titanium) (W/m°C) | 21,5 | |

Les propriétés thermodynamique (Cp, $\rho$, k, $\mu$) des différents mélanges utilisées dans ce cas sont extraites de l'outil de simulation des procédés industriels Aspen Plus à des températures moyennes respectives $T_{moy,F}$ et $T_{moy,C}$.

| | | T (°C) | P (bar) | Débit (Kg/h) | T moy (°C) |
|---|---|---|---|---|---|
| 1 | Entrée de la saumure | 50 | 7 | 121208 | - |
| 2 | Sortie de la saumure | - | 6 | 121208 | |
| 3 | Entrée chlore humide | 80 | 1,2 | 7703,96 | |
| 4 | Sortie chlore | 55 | 1,18 | - | 67,5 |
| 5 | Condensats | - | - | - | |

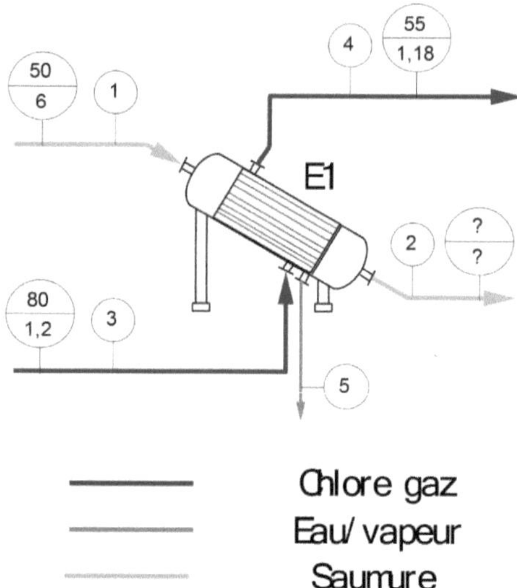


### 2.3.2 Bilans de matière et d'énergie

L'étude thermodynamique du flux chaud monte qu'il s'agit d'un mélange binaire chlore-eau qui va subir une condensation partielle durant l'échange de chaleur. Les propriétés de la saumure épuisée en sortie étant quasiment identiques à celles de la saumure entrante, nous pouvons donc retenu des propriétés moyennes identiques de ce flux le long de l'appareil.

La prédiction de l'équilibre liquide- vapeur du mélange ($H_2O$ – $Cl_2$) a été réalisée moyennant un modèle thermodynamique jugé robuste et adéquat pour ce type de mélanges, il s'agit du modèle Non Random Tow Liquids.

Cette procédure de modélisation a conduit au couplage du bilan de matière à l'entrée et la sortie de l'appareil avec le modèle d'équilibre. Il s'agit d'un calcul itératif identique à celui d'une séparation mono étagée ( Flash condensation in a sigle stage séparation), ce calcul a permis une détermination exacte des débits de condensats et leurs compositions. Pour se faire il aurait fallu trouver à une température T et P fixées la composition des constituants dans chaque phase assurant la condition de sommation des fractions liquides Xi égale à 1 et aussi des fractions vapeurs Yi. Le diagramme suivant présente le résultat trouvé des compositions de chaque phase.

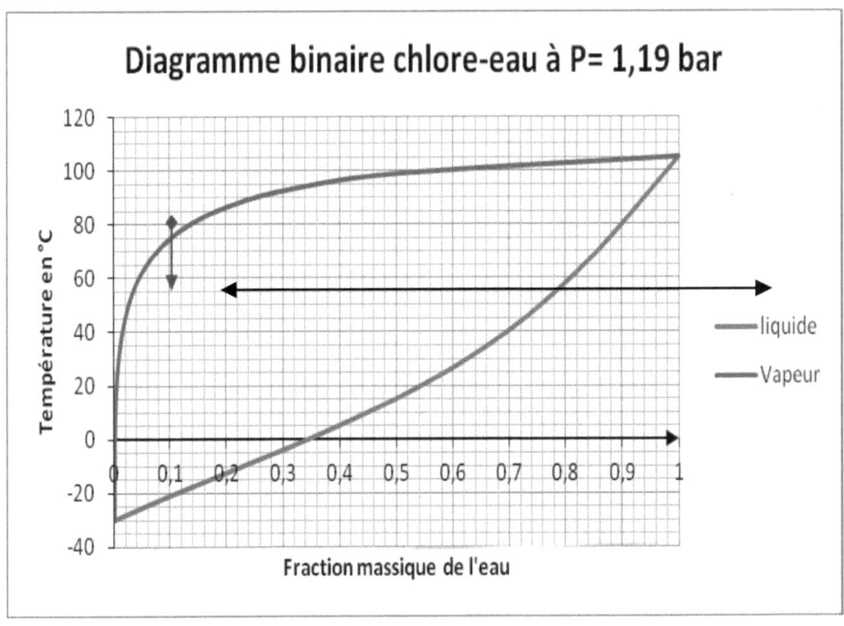


**Diagramme binaire (Chlore-Eau) à P= 1,19 bars**

Le diagramme binaire nous a permis doc le calcul de: $y_{eau}$, $x_{eau}$, $y_{chlore}$ $et$ $x_{chlore}$.

### 2.3.3 Bilan de matière et prise en compte de l'équilibre

On désire déterminer :

- La composition du flux chaud à la sortie
- Le débit des condensats
- La composition des condensats
- Le débit du flux chaud sortant
- Composition du flux chaud

*Hypothèse* : négliger l'entrainement de l'eau condensée par le flux chaud sortant, ainsi que l'entrainement du flux chaud par les condensats.

➤ La composition du mélange binaire chlore-eau à la sortie :

On a :
$$\dot{m}_{Total(3)} = \dot{m}_{chlore(3)} + \dot{m}_{eau(3)}$$

A T = 55 °C , on a :
$$\dot{m}_{Total(4)} = V + L$$

D'où :
$$\dot{m}_{eau(4)} = y_{eau} * V + x_{eau} * L$$

et :
$$\dot{m}_{chlore(4)} = y_{chlore} * V + x_{chlore} * L$$

➤ Le débit massique des condensats :

On a :
$$\dot{m}_{eau(3)} = y_{eau} * (\dot{m}_{Total(3)} - L) + x_{eau} * L$$

donc :
$$L = \frac{\dot{m}_{eau(3)} - y_{eau} * \dot{m}_{Total(3)}}{x_{eau} - y_{eau}}$$

A.N. : $L = 1003,8$ kg/h

➤ Composition du condensat :

On a :
$$\dot{m}_{chlore(5)} = x_{chlore(5)} * L$$

et :
$$\dot{m}_{eau(5)} = L - \dot{m}_{chlore(5)}$$

Donc :
$$\dot{m}_{chlore(5)} = 216,82 \text{ kg} / h$$

et :
$$\dot{m}_{eau(5)} = 786,97 \text{ kg/h}.$$

>    Débit massique du flux chaud sortant :

On a : 
$$\dot{m}_{Total(4)} = V = \dot{m}_{Total(3)} - L$$

Donc : 
$$\dot{m}_{Total(4)} = 6700 \text{ kg/h}$$

>    Composition du flux chaud sortant :

On a :
$$\dot{m}_{chlore(4)} = y_{chlore(4)} * V$$

et :
$$\dot{m}_{eau(4)} = V - \dot{m}_{chlore(4)}$$

Donc :
$$\dot{m}_{chlore(4)} = 7487,13 \text{ kg/h}$$

et :
$$\dot{m}_{eau(4)} = 787,13 \text{ kg/h}$$

>    **Récapitulatif des résultats des bilans couplés à l'équilibre**

|  |  | 3 | 4 | 5 |
|---|---|---|---|---|
| **Débits massiques (kg/h)** | **Chlore** | 7703,96 | 7487,13 | 216,83 |
|  | **Eau** | 1050,54 | 787,13 | 787,02 |
|  | **Total** | 8754,5 | 6700 | 1003,85 |
| **Fractions massiques** | **Chlore** | 0,88 | 0,966 | 0,216 |
|  | **Eau** | 0,12 | 0,034 | 0,784 |

### *2.3.4 Bilan thermique et modélisation de la condensation*

L'objectif est de calculer de la chaleur cédée par le flux chaud à la saumure, ainsi le calcul des températures de sortie.

L'analyse des bilans de matière et d'équilibres nous a permis de conclure que le flux chaud constitué du chlore gaz et de vapeur d'eau subira un refroidissement de 80 °C à 55 °C, au cours duquel ce mélange à l'équilibre sera sujet de condensation sur une intervalle de température allant de 78 °C à 55 °C.

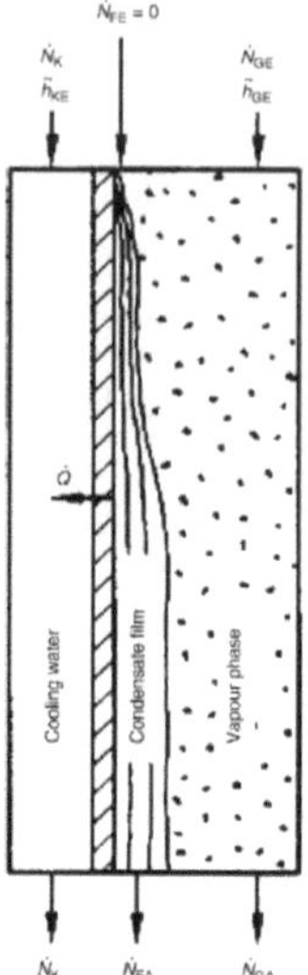



Pour calculer la chaleur cédée par la condensation d'un mélange binaire, nous allons utiliser le modèle illustré dans la figure ci-contre. Initié par Treybal[2], ce modèle stipule que lors du refroidissement d'un mélange binaire, à chaque instant (élément infinitésimale de temps) une partie du mélange se condense, ce qui change les pressions partielles et par conséquent la chaleur latente de vaporisation du mélange. Dans le but de comptabiliser la chaleur cédée par le mélange binaire chlore-eau, on procède par bilan de matière et d'enthalpie globaux relatifs au modèle de condensation illustré ci-contre.

### *Théorie du modèle enthalpique de condensation utilisé :*

On adopte la nomenclature suivante :

$\dot{N}$ : flux molaire en mol/s

$\dot{Q}$ : chaleur cédée par le flux chaud à la saumure à chauffer en W

$\tilde{h}$ : enthalpie molaire en J/mol

$\Delta\tilde{h}_V$ : enthalpie molaire de vaporisation J/mol

---

[2] E. Treybal Robert. Mass-transfert operations s. 1 : McGraw Hill, 1980.

$\tilde{c}_p$ : chaleur spécifique molaire J/mol.K

A : sortie

E : entrée

F : film des condensats

G : gaz

K : refroidissant

Un bilan de matière global sur le segment de la figure de gauche donne :

$$\dot{N}_{GE} - \dot{N}_{GA} = \dot{N}_{FA}$$

Le bilan d'énergie sur le segment délimité dans la figure s'écrit :

$$\dot{N}_{GE}\tilde{h}_{GE} - \dot{N}_{GA}\tilde{h}_{GA} = \dot{N}_{FA}\tilde{h}_{FA} + \dot{Q}$$

avec :

$$\dot{Q} = \dot{N}_K(\tilde{h}_{KA} - \tilde{h}_{KE})$$

Si les constituant du mélange se comportent idéalement au niveau de leur condensation (l'un n'influe pas l'autre), l'enthalpie de chaque constituant peut être normalisée à 0 ° C, on aura donc :  $\tilde{h}_F = \tilde{c}_{pF}T_F$,

$$\tilde{h}_G = \Delta\tilde{h}_V(0°C) + \tilde{c}_{pG}T_G$$

et :

$$\Delta\tilde{h}_V(T) = \Delta\tilde{h}_V(0°C) + (\tilde{c}_{pG} - \tilde{c}_{pF})T$$

Avec, l'enthalpie de vaporisation s'écrit :

$$\Delta\tilde{h}_V(T) = \tilde{h}_V(T) - \tilde{h}_F(T)$$

Ainsi le bilan thermique global décrivant le modèle de condensation discuté plu haut s'écrit :

$$\dot{Q} - \dot{N}_{GE}\tilde{c}_{pG}(T_{GE} - T_{GA}) + (\dot{m}_c - \dot{m}_{GA})\Delta h_V(T_{cs})$$

Le flux de chaleur Q totale est la chaleur transférée au fluide de refroidissement. Cette chaleur est composée d'une partie relative au refroidissement en raison de l'écoulement du gaz à partir de $T_{GE}$ à $T_{GA}$, a la condensation de la vapeur à $T_{GA}$, et au sous-refroidissement du film de condensat jusqu'à $T_{FA}$.

> ➢ La chaleur cédée à la saumure à chauffer

On négligeant le sous refroidissement des condensats et en utilisant les propriétés thermodynamiques des fluides sujets d'échange tabulés plus haut, on peut donc calculer moyennant le bilan de condensation la température de sorite exacte de la saumure sortante. On a :

$$\dot{Q} = \dot{m}_{Total(3)}\,\overline{c}_{p(C)}\,(T_3 - T_4) + (\dot{m}_{Total(3)} - \dot{m}_{Total(4)})\,L_V(T_4)$$

A.N : $\dot{Q} = 553\ kW$

La température de sortie de la saumure $T_2$ est :

$$\dot{Q} = \dot{m}_{Total(1)}\,\overline{c}_{p(F)}\,(T_2 - T_1)$$

$$T_2 = T_1 - \frac{\dot{Q}}{\dot{m}_{Total(1)}\,\overline{c}_{p(F)}}$$

Donc :

Finalement :

$$T_2 = 55,23\ {}^{\circ}C$$

## 2.4    *Résultats de design du condenseur obtenus par le programme VBA et par Aspen B-JAC*

Les étapes expliqués précédemment ont fait l'objet d'un développement de programme par le langage VBA et d'une simulation par l'outil Aspen plus BJAC, ce dernier a été utilisé en exportant les résultats d'équilibre liquide- vapeur du mélange chlore vapeur d'eau à partir de la base de données thermodynamique relative aux calculs des équilibres de Aspen Plus User Interface. Les résultats obtenus à l'aide des deux outils BVA et Aspen B-JAC sont récapitulés dans le tableau suivant :

**Tableau des résultats du design de l'échangeurs E1 obtenu par les outils de calcul VBA et Aspen-BJAC**

|  | VBA | Aspen B-JAC |  |
|---|---|---|---|
| Flux de chaleur échange | 553 | 571 | Kw |
| Coefficient global d'échange | 141,8 | 116,4 | W/m2.°C |
| Nombre de passes coté calandre | 1 | 1 |  |
| Nombre de passes coté tubes | 1 | 1 |  |
| Angle d'inclinaison | 30° | 0° |  |
| Surface d'échange | 315,5 | 346,1 | m2 |
| Diamètre extérieure des tubes | 25,4 | 25,4 | mm |
| Épaisseur des tubes | 2,77 | 2,77 | mm |
| Longueur des tubes | 3660 | 4500 | mm |
| Pas tubulaire | 31,75 | 31,75 | mm |
| Nombre de tubes | 1107 | 1248 |  |
| Diamètre du fuseau tubulaire | - |  | mm |
| Diamètre de la calandre | 1290 | 1000 | mm |
| Distance entre chicanes | 1035 | 669 | mm |
| Nombre de chicanes | 4 | 6 |  |
| Pertes de charge coté tube | 0,42 | 0,68 | Bar |
| Pertes de charge coté calandre | 0,012 | 0,06 | Bar |

Les résultats du dimensionnement de l'échangeur E1 obtenu par VBA sont légèrement différent que ceux obtenues à l'aide d'Aspen B-JAC, une différence de 141 tubes est remarquée avec une erreur relative de 12%. Cette différence est dû au fait qu'Aspen B-JAC ne prend pas en considération la prédiction de l'équilibre liquide-vapeur le long de l'appareil. Chose qui a été a prise en considération de manière globale dans nos calculs moyennant l'équilibre et le modèle de condensation.

De plus, B-JAC ne donne pas la possibilité de dimensionnement des échangeurs de chaleur tubulaires inclinés, chose qu'on a pris aussi en considération lord du calcul du coefficient de transfert coté calandre.

La différence de pétrés de charges remarquée entre les résultats des deux outils peut être attribuée à la différence des corrélations de calcul utilisé dans les deux cas. Aspen BJAC est un outil industriel sophistiqué adapté aux designs industriels, en l'absence d'une connaissance relative au mode de fonctionnement de cet outil, surtout l'algorithme détaillé de design et les corrélations qu'il utilise, nous ne pouvons donc pas écarter ces résultats. Une erreur relative de 12% illustrant l'écart des résultats des outils utilisés s'avère tolérable dans ce cas. Cependant, les deux moyens de calcul s'avèrent concluant et applicables au design des échangeurs industriels.

## 2.5   *Maquette graphique de l'appareil*

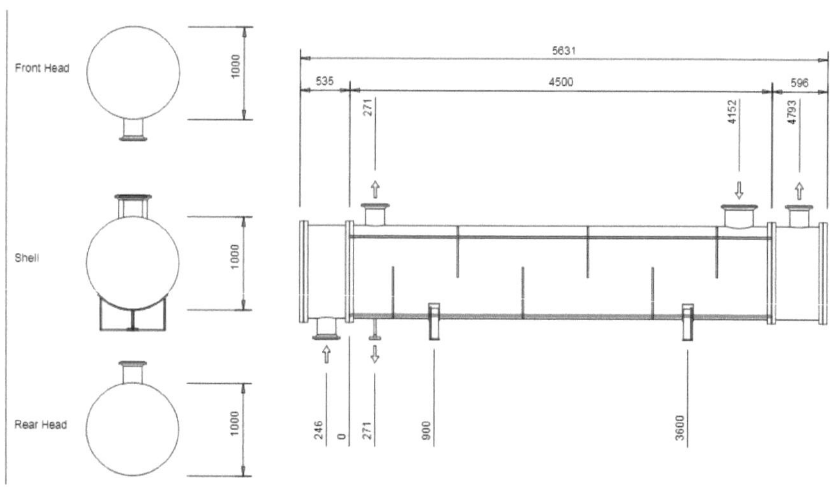

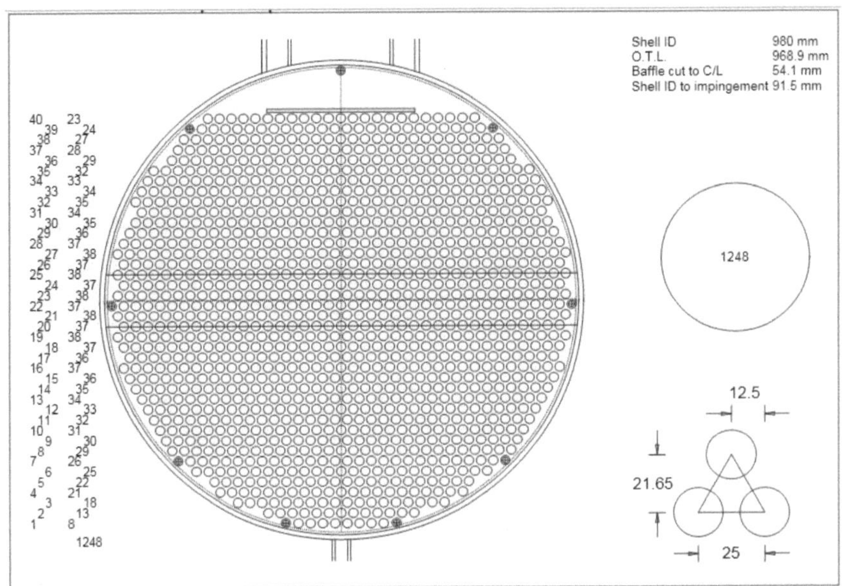


**Dessin de l'échangeur E1 en coupe transversale réalisé moyennant Aspen B-JAC**

## 2.6  *Gain annuel relatif à l'installation de l'échangeur*

L'échangeur de chaleur E1 aura comme but principale le préchauffage de la saumure en augmentant sa température de 5,2 degrés et la purification du chlore. Donc la chaleur économisée est donc :

$$Q = \dot{m}_S Cp_S \Delta T$$

A.N : $Q = 3946 \ \mathrm{kJ}$.

Si cette chaleur a été fournie par une vapeur saturée d'une pression d'environs 3,5 valeur qui P qui semble adéquate pour ce cas, on aura :

$$Q = \dot{m}_V L_V$$

Ainsi un débit de vapeur nécessaire de :

$$\dot{m}_V = \frac{Q}{L_V}$$

A.N : $\dot{m}_V = 1,84$ t/h

Avec un coût de vapeur d'environ 400 DH la tonne, l'année industrielle est estimée de 8 000 heures. Ce qui permet un gain annuel de 5 780 000 DH.

# Optimisation et intégration énergétique
# des flux de chaleur
# dans les réseaux d'échangeurs

Dans le contexte industriel il est souvent question de proposer un *flowsheet* du réseau des échangeurs de chaleur de l'unité de production permettant une minimisation de l'apport énergétique externe. Cette étape précède généralement le design des échangeurs de chaleur lorsqu'il s'agit d'une conception d'unité industrielle. L'optimisation énergétique des réseaux des échangeurs de chaleur est aussi applicable pour améliorer les efficacités énergétiques des unités de production et faire face aux éventuels changements de cadences de production (perturbations, basse ou augmentation de capacités, '*Revemping*'). L'augmentation de la capacité d'une unité nécessite généralement un apport d'énergie beaucoup plus important, ce dernier doit impérativement être optimisé au risque d'aboutir à un réseau d'échangeurs beaucoup plus étendu avec un excès en utilités chaudes et froides.

## 1.  Méthode du pincement thermique

L'intégration des procédés est une méthode d'analyse globale puissante qui permet une meilleure utilisation des ressources énergétiques nécessaires à une activité industrielle. L'analyse Pinch est un outil d'intégration de procédés reposant sur des concepts thermodynamiques orientés vers l'optimisation de l'énergie et développé spécialement pour les réseaux d'échangeurs de chaleur.

A partir des conditions opératoires du procédé, un modèle représentant les principaux courants d'énergie et/ou de matière est construit. Les cibles de consommation minimale et le potentiel maximal d'économie d'énergie sont ainsi établis et de nouvelles possibilités d'améliorations peuvent être identifiées.

### *1.1   Signification du Pinch*

Initiée en 1983 par B. Linhoff et E. Hindmarsh (The Pinch method for heat exchanger networks. Chem Eng Sci, v. 38, pp. 745-763, 1983), la notion du Pinch repose sur la division du système à de multiples courants en deux sous-systèmes, selon que les températures des courants soient supérieures ou inférieures à la température du point de pincement. A partir des courbes globales, on note que le premier sous système est en dessus du Pinch et le deuxième en dessous.

En ce qui concerne le premier sous système, l'utilité chaude requise et tous les courants chauds cèdent de la chaleur aux courants froids. Il est de ce fait considéré comme puits de chaleur car il reçoit de l'énergie de l'extérieur sans restituer (Pas de refroidissement par utilité externe au niveau de ce sous-système).Contrairement au premier système, le deuxième sous-système nécessite que du refroidissement. C'est une source de chaleur car il cède de la chaleur à l'extérieur sans en recevoir (Pas de chauffage par utilité externe dans cette zone).L'énergie minimale $Q_{hmin}$ requise par le système est ainsi fournie à des températures supérieures à la température de point de pincement, à l'inverse de l'énergie minimale $Q_{cmin}$ qui doit être libérée à des températures inférieures. Il en résulte donc de cette analyse qu'aucun flux de chaleur ne doit traverser le point Pinch (ni chauffage ni refroidissement), le cas inverse conduira systématiquement à une augmentation des charges thermiques de chauffage et de refroidissement devant être fournies par les utilités externes, cette situation ne permettra pas configuration énergétique optimale du réseau. En effet, transférer une quantité de chaleur $\alpha$ à travers le Pinch nécessitera une compensation de cette chaleur par une utilité chaude, de même, en dessous du Pinch une quantité de chaleur $\alpha$échangée devra être évacuée par refroidissement par une utilité de refroidissement conformément au schéma de la figure suivante :

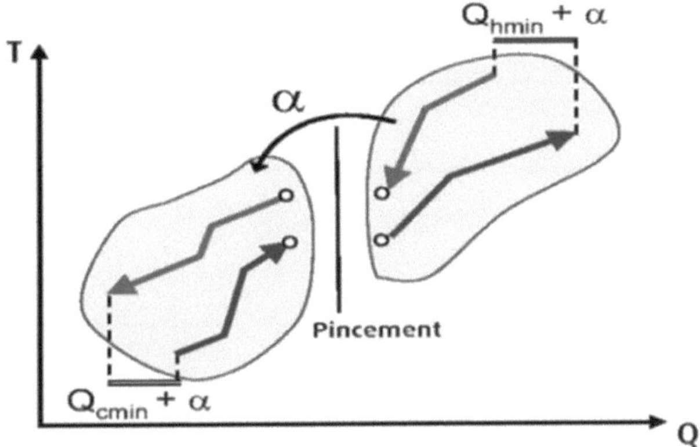


*Transfert de chaleur à travers le Pinch*

Pour aboutir au design d'un réseau de consommation énergétique minimale, B. Linhoff et E. Hindmarsh reportent qu'il est impératif de respecter les trois règles fondamentales suivantes :

- Ne pas transférer de la chaleur à travers le point de pincement.
- Ne pas refroidir a des températures supérieures à la température de pincement.
- Ne pas chauffer a des températures inférieures à la température de pincement.

## 1.2   *Représentation des réseaux d'échangeurs*

Pour améliorer un réseau d'échangeurs par la méthode de pincement il est plus commode de lui faire correspondre un diagramme qui montre la position du point de pincement par rapport au courant du réseau. En outre, ce diagramme doit être suffisamment manipulable afin de dresser les liaisons entre les courants chauds et froids et ainsi suivre l'évolution du réseau sans être obligé de reprendre à chaque fois le *flowsheet* global de l'unité.

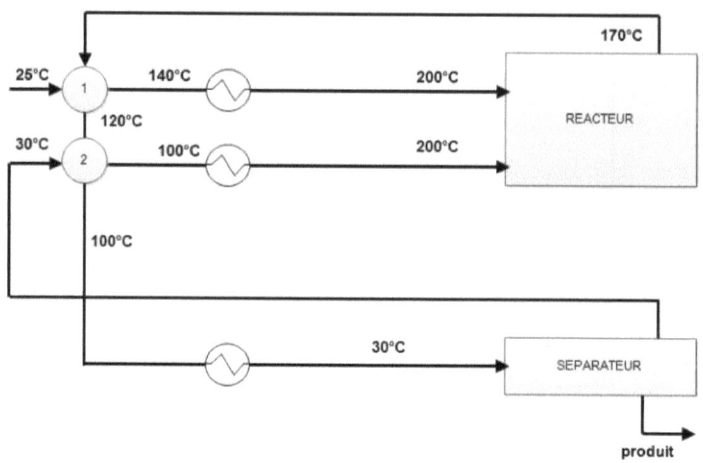


**_Flowsheet_ d'un réseau d'échangeurs**

Dans ce contexte, B. Linnhoff et J.R. Flower (Synthesis of Heat
Exchanger Networks: I. Systematic Generation of Energy Optimal
Netwoks. AIChE J, v. 24, p. 633, 1978) proposent un diagramme sous
forme de grille, l'idée consiste à dresser les courants chauds et froids
en contre-courant en les orientant de leurs températures de départ vers
leur
température
souhaitée.

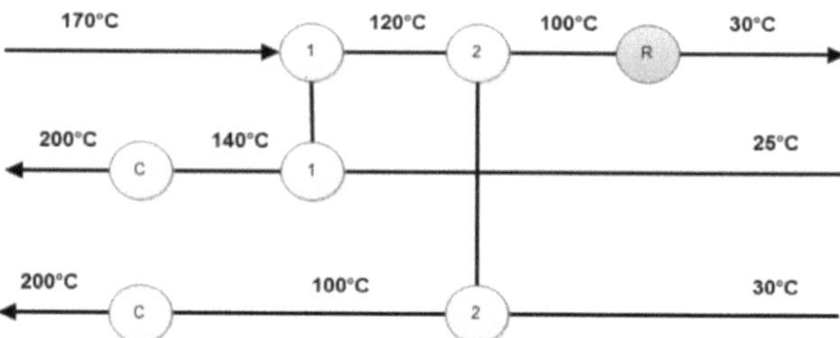


**Diagramme**

**en grille du**

**réseau**

**des**

**échangeurs**

Les cercles qui lient les courants représentent les échangeurs, dans ce cas le point de pincement devient facilement représentable sur la grille ce qui n'est pas le cas du *flowsheet*.

## 2.  Conception des réseaux à l'aide de la méthode de pincement

### *2.1  Principe de la méthode*

Dans un réseau d'échangeurs le voisinage du point de pincement est la zone où il y a le plus de contraintes thermodynamiques, dans ce voisinage et en l'absence de gradient de température suffisant, il ne doit pas y avoir de transfert de chaleur. Il est cependant judicieux d'identifier les liaisons entres les courants chauds et les courants froids autour de ce pincement pour aboutir à un design efficace. Pour ce faire la procédure suivante est conventionnellement respectée:

- Scinder le réseau au point de pincement
- Définir les liaisons adéquates entre les courants chauds et froids au tour du point de pincement en respectant les règles cités plus haut (détaillées dans les figures qui suivent)
- Loin du point de pincement il n'y a plus de contraintes relatives aux échanges au pour l'optimisation du réseau, le choix des liaisons devient dans ce cas un libre choix de l'ingénieur, néanmoins, des restrictions peuvent guider ce choix telles que la sécurité, la flexibilité, le contrôle, etc...

### *2.2  Règles de faisabilité*

Ce sont des règles qui conditionnent la façon d'établir les liaisons au niveau du pincement afin de concevoir un réseau qui consomme le minimum d'énergie, elles regroupent des critères relatifs au nombre de courants, leurs natures et aux capacités calorifiques de chaque flux.

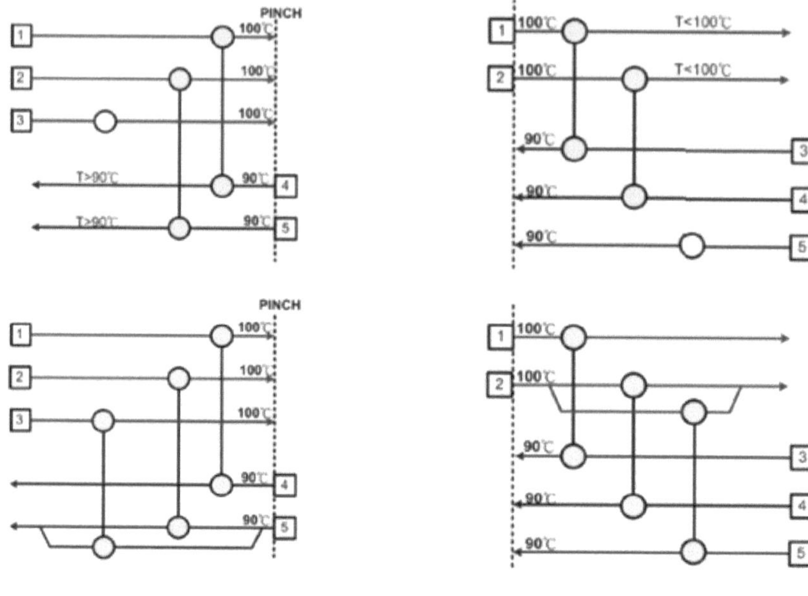

a. Au-dessus du Pinch
b. En-dessous du Pinch

**Règles de faisabilité sur le nombre de courants**

### a. Au-dessus du Pinch

L'exemple illustré dans ci-dessus représente la configuration des différentes liaisons des flux de chaleur du réseau au voisinage du point de pincement. Pour atteindre des températures souhaitées des flux il est impératif que chaque courant chaud soit refroidi par échange avec un courant froid, le courant n°1 est donc lié au courant n°4, et le courant n°2 est lié au courant n°5. Pour ce qui concerne le courant n°3 il sera lié avec l'un des courants froids disponible (au choix). Cependant, cette dernière liaison n'est pas réalisable vu que ce flux se situe au-dessus du point de pincement (Pinch) et que les températures des flux disponibles sont supérieures au Pinch (dans cet exemple, $T_{pincement} = 90°C$). Dans ce cas et pour remédier à ce problème il est judicieux de décomposer le courant froid en deux flux pour pouvoir créer des branches supplémentaires et ainsi procéder à la réalisation des liaisons manquante au refroidissement du courant n°3.

### b. En-dessous du Pinch

Dans l'exemple de la figure précédente, les fluides froids 1 et 2 seront chauffés par 3 et 4. Le courant n°1 est donc lié au courant n°3, et le courant n°2 est lié au courant n°4. De même que la limitation rencontrée précédemment pour le courant n°3 (au-dessus de Pinch) et en raison de la température du pincement ($T_{\text{pincement}} = 100°C$) dans ce cas, le courant n°5 sera décomposé en deux pour pouvoir procéder à la réalisation des liaisons nécessaires à son chauffage.

### 2.3  Critère des capacités

Le gradient de température doit s'accroitre en s'éloignant du point de pincement, ce qui implique qu'au voisinage du point de pincement, les capacités calorifiques des courants doivent satisfaire les conditions suivantes :

**Pour $T > T_{pincement}$ (au-dessus du Pinch) $(Q_mC_p)_H < (Q_mC_p)_C$**

**Pour $T < T_{pincement}$ (en -dessous du Pinch)$(Q_mC_p)_H > (Q_mC_p)_C$**

Avec :   $(Q_mC_p)_C$ : débit calorifique du courant froid

$(Q_mC_p)_H$ : débit calorifique du courant chaud

**Exemple**

Considérons la situation de la figure suivante.

Soit $T_h$ la température de sortie du fluide chaud de l'échangeur et $T_c$ la température d'entrée du fluide froid .Si on suppose que $T_h = 162°C$. La liaison d'un fluide chaud avec un fluide froid au-dessus du Pinch tel que :

- $CP_H = 0{,}25 > CP_C = 0{,}2$ (en MW/°C)
- $\Delta T_{min} = 10\ °C$

conduit à une chaleur échangée $Q : Q = CP_h(T_h - 150) = 3MW$.

$T_c$ se calcule donc par : $T_c = 140 + \dfrac{Q}{0{,}2} = 155°C$.

L'adoption d'une valeur $T_c = 155°C$ est irréalisable vu que $\Delta T_{min} = 10°C > T_h - T_c = 7°C$   ce   qui   se   traduit   par l'existence d'un croisement de températures au sein de l'échangeur comme illustré dans la partie inférieure de la figure suivante, cette situation résulte de la négligence de l'une des règles énoncées précédemment ( le cas en-dessous du Pinch est démontré de la même manière).

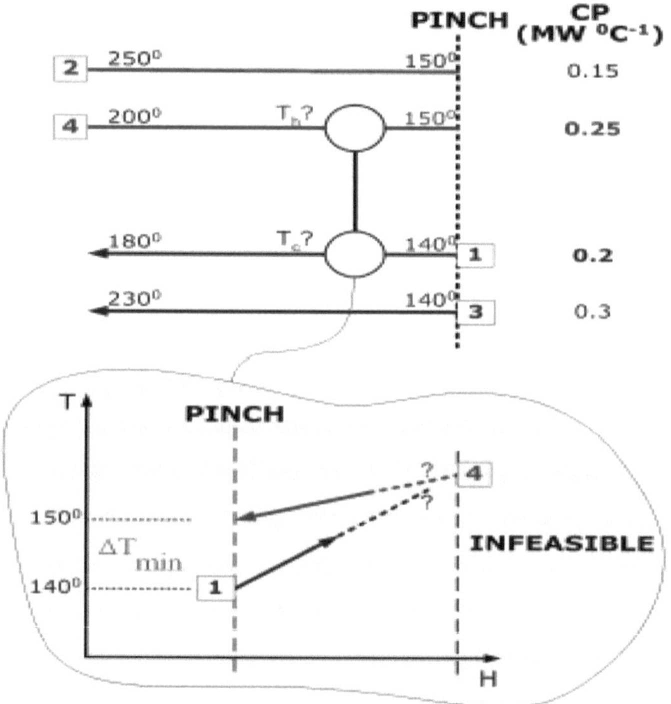


**Violation de la règle de faisabilité sur les capacités calorifiques**

Si l'établissement d'un réseau qui satisfait ce critère devient impossible, la seule solution serait donc de décomposer des courants afin de changer les capacités calorifiques correspondantes (voir figure suivante). Les précédentes inégalités ne s'appliquent généralement qu'au voisinage du point de pincement, car au-delà de ce point, le gradient de température est souvent suffisamment élevé.

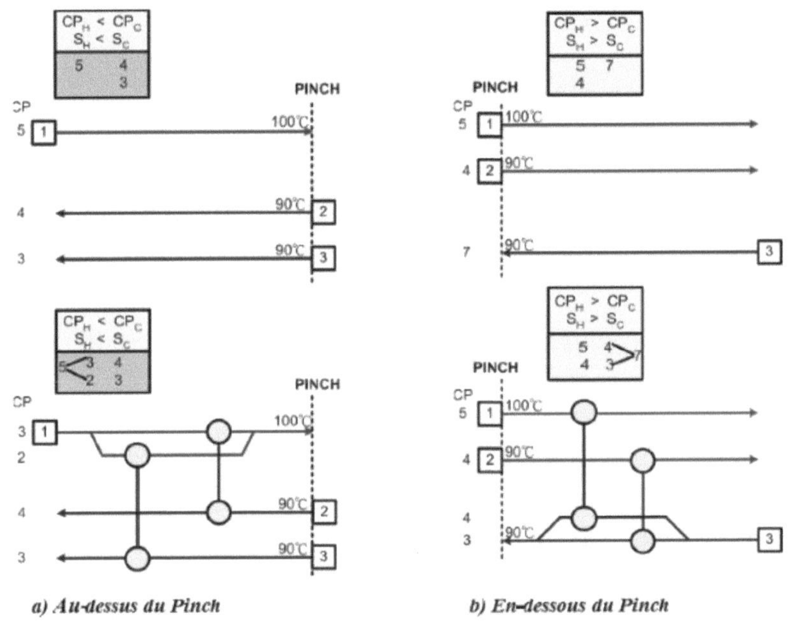



*a) Au-dessus du Pinch*　　　　　*b) En-dessous du Pinch*

**Règles de faisabilité sur les capacités calorifiques**

## 3. Algorithme de conception et d'optimisation d'un réseau d'échangeurs de chaleur

Les règles citées précédemment conduisent un l'algorithme d'optimisation énergétique d'un réseau des échangeurs de chaleur, la figure suivante présente les étapes de réalisation de la démarche Pinch :

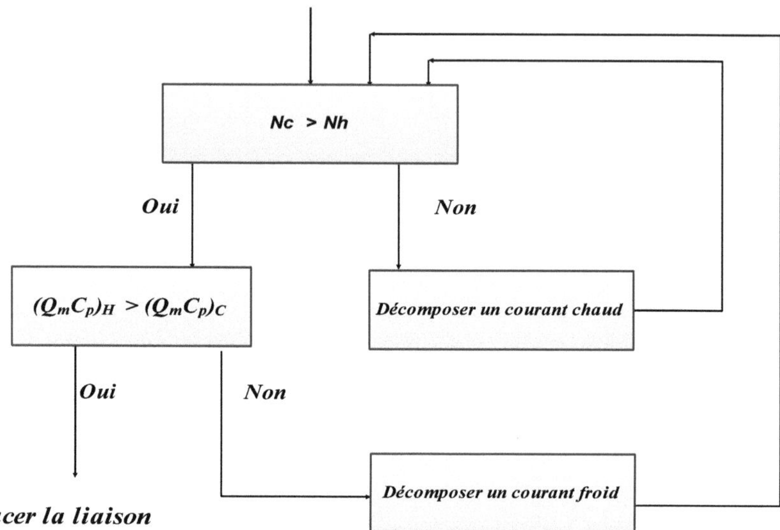


**a) En-dessous du point Pinch**

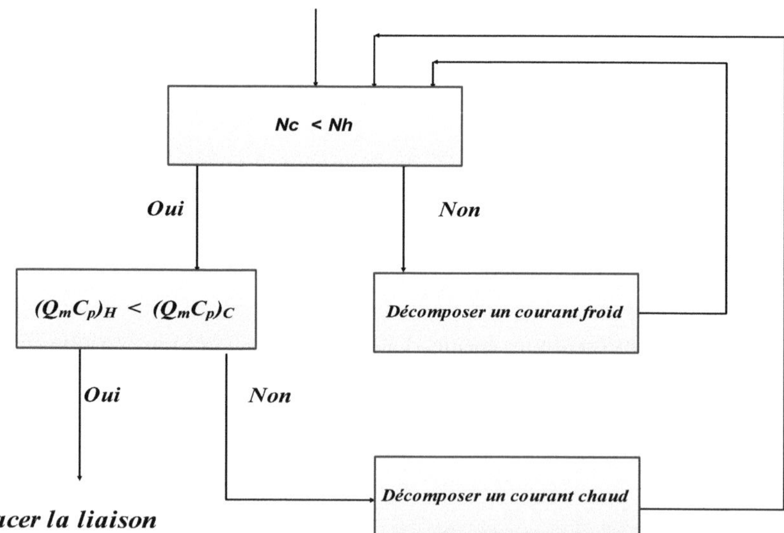


**b) Au-dessus du point Pinch**

**Algorithme de conception de réseau d'échangeurs de chaleur**

## 4. Exemple industriel[3]

Dans cet exemple, nous allons procéder à l'application de la démarche d'optimisation énergétique d'un réseau d'échangeur de chaleur d'une unité industrielle de distillation sous vide. Dans cette étude l'outil Hint «Heat INTegration» a été utilisé pour faciliter la représentation graphique et le calcul des enthalpies des différents flux.

### ➤ *Présentation du logiciel Hint*

Hint est un logiciel gratuitement téléchargeable conçu pour la conception et l'optimisation des réseaux d'échangeurs de chaleurs basées sur la méthode de pincement thermique. Contrairement au logiciel ASPEN Pinch, Hint a l'avantage d'être gratuit et offre aux ingénieurs une facilité de manipulation.

L'interface du programme Hint a été conçu de manière à aboutir à une présentation claire de la méthode de pincement, il permet à l'utilisateur de contrôler les étapes principales de conception du réseau telles que les spécifications du réseau d'échangeurs de chaleur, l'optimisation et l'analyse des modifications. L'utilisation du programme améliore l'efficacité du travail en assistant la pratique des concepts de la méthode, il permet en conséquence de modifier les paramètres du système tout en évitant des calculs répétitifs souvent fastidieux. Le programme montre également certains principaux résultats intermédiaires, qui permettent aux utilisateurs de vérifier manuellement certains calculs.

### ➤ *Caractéristiques du réseau d'échangeur de chaleur actuel*

La figure suivante présente le réseau d'échangeurs actuellement opérationnel avec les températures d'entrée et de sortie des courants froids et chauds, ainsi que les chaleurs échangées dans chaque échangeur.

---

[3] Cette étude a été menée dans le cadre d'un projet de fin d'étude de deux élèves ingénieurs du département de génie des procédés de l'ENIM : Armanda Santos et Arroug Lamia.

Les quantités de chaleur fournies par les utilités chaude (four) et froide (aéro-réfrigérants, générateurs de vapeur et réfrigérants) sont également mentionnées.

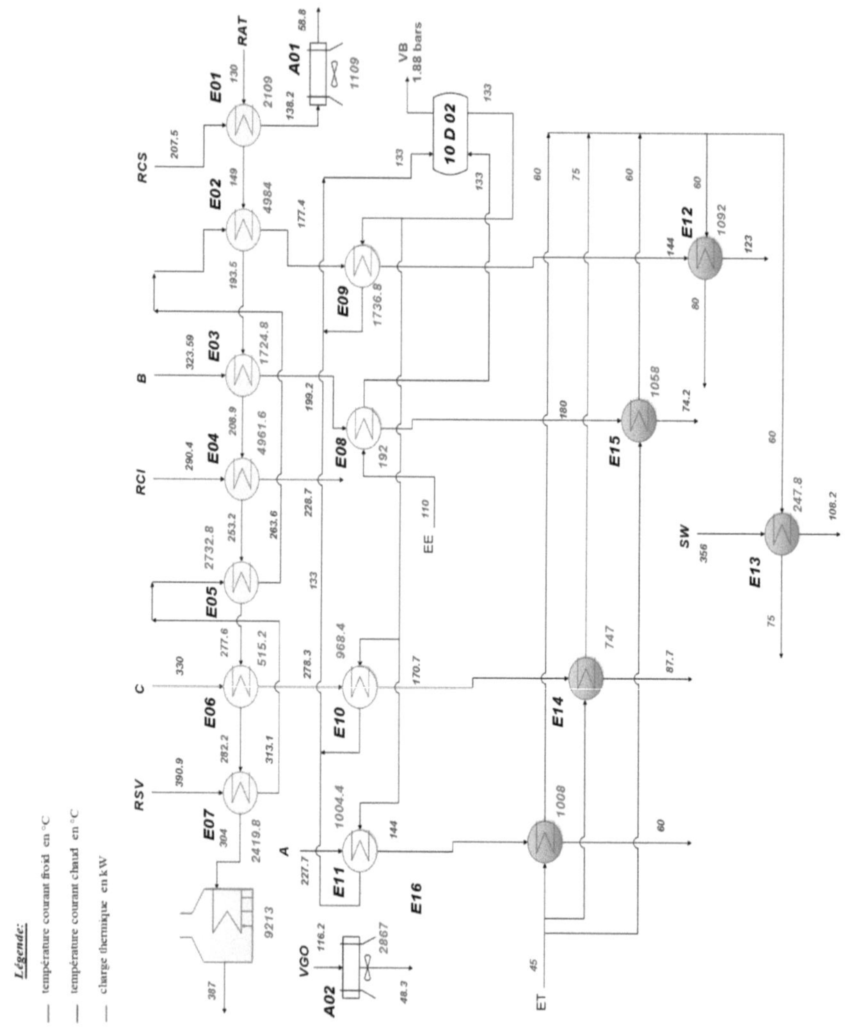



**Réseau actuel d'échangeurs de l'unité de distillation étudiée**

## 4.1 *Extraction de données*

L'étape extraction de données consiste à identifier les courants de matière devant-être réchauffés, refroidis ou pour lesquels il y a un changement de phase (évaporation ou condensation). Elle consiste aussi à extraire, parmi les différentes informations disponibles sur les fluides et le réseau celles qui sont essentielles à analyser. Le tableau suivant regroupe les caractéristiques de tous les fluides sujets d'échange énergétique au sein de l'unité de distillation sous vide étudiée.

| Courant | Désignation | Type | Ts (°C) | Tt (°C) | CP ( kW/ ° C) | ΔH (kW) |
|---|---|---|---|---|---|---|
| C1 | RAT | froid | 130 | 387 | 111 | 28527 |
| C2 | RCS | chaud | 207,5 | 58,8 | 18 | -2677 |
| C3 | RCI | chaud | 290,4 | 228,7 | 65 | -4011 |
| C4 | RSv | chaud | 390,9 | 123 | 52 | -13931 |
| C5 | B | chaud | 323,59 | 74,2 | 10 | -2494 |
| C6 | C | chaud | 330 | 87,7 | 9 | -2181 |
| C7 | A | chaud | 128 | 60 | 12 | -812 |
| C8 | VGO | chaud | 116,2 | 48,3 | 43 | -2920 |

## Caractéristiques des fluides manipulés dans le procédé

Les propriétés les plus importantes devront être recueillies comprennent :

- les températures des courants de matière disponible ($T_s$) et ciblées ($T_t$), (°C)
- la charge thermique $\Delta H$ nécessaire pour créer le gradient de température souhaité (kW)
- les capacités calorifiques $C_p$ en kJ/Kg °C
- les débits des courants de matière en Kg/h

*NB : le SW (flux en bas du* flowsheet*) ne sera pas comptabilisé dans la liste des courants chauds compte tenu de la faible charge thermique dont il a besoin (281 kW). Il sera directement refroidi par de l'eau tempérée dans le réfrigérant E 13.*

## 4.2 *Choix du ΔT min*

La conception d'équipement de transfert de chaleur doit toujours prendre en considération le deuxième principe de la thermodynamique qui exige une différence de température entre les courants chauds et froids.

Des valeurs expérimentales des $\Delta T_{min}$ sont disponibles dans la littérature. Quelques valeurs basées sur les travaux de LINHOFF sont illustrées dans le tableau 7.2 pour un réseau d'échangeurs à faisceaux et calandre (70% d'utilisation industrielle).

| Types d'industries | Valeurs expérimentales |
|---|---|
| Raffineries | 20-40°C |
| Pétrochimie | 10-20°C |
| Industrie chimique | 10-20°C |
| Procédés à basses températures | 3-5°C |

*Valeurs expérimentales de $\Delta T_{min}$ pour quelques industries*

Dans le cadre de cette étude, on choisit une différence de température minimale ($\Delta T_{min}$) de 20 °C entre les courants chauds et les courants froids participant aux différents échanges de chaleur. Cette valeur a était choisie arbitrairement et sera éventuellement optimisée dans le les parties qui suivent.

## 4.3    *Détermination des besoins énergétiques : courbes composites*

L'objectif principal de l'analyse Pinch est de réaliser des économies financières par une meilleure intégration énergétique en maximisant les échanges de chaleur entre les divers courants du procédé et en réduisant l'utilisation des utilités les plus coûteuses. Les valeurs cibles du besoin énergétique correspondent à la consommation minimale d'énergie requise pour le chauffage et le refroidissement dans le procédé. Elles sont déterminées en utilisant les courbes composites ou moyennant la méthode des intervalles de température.

### ➤ *Courbe composite froide et chaude (méthode graphique)*

La courbe composite permet de déduire le potentiel d'intégration énergétique. Elle représente les sources et demandes d'énergie thermique de l'installation sur un diagramme (T, H) où la température est exprimée en fonction de l'enthalpie. Elle permet d'identifier les inefficacités actuelles ainsi que les meilleures possibilités de récupération d'énergie. Considérons un courant de débit massique $\dot{m}$ , de capacité calorifique $C_p$ constante qui passe d'une température T1 à une température T2. La variation de l'enthalpie est :

$$\Delta H = (T_2 - T_1) * C_P * \dot{m}$$

Les courants sont représentés dans le diagramme (T , H) par un segment de pente $1/\dot{m}*C_p = 1/CP$. La figure suivante illustre un exemple où, à partir d'un seul courant, la courbe composite froide (respectivement chaude qui est représentée de la même manière) est construite par simple addition des enthalpies à travers les niveaux de température du procédé. Deux courants chauds sont tracés séparément, leurs températures de départ et ciblés définissent une suite d'intervalles de températures (côté gauche de la figure).

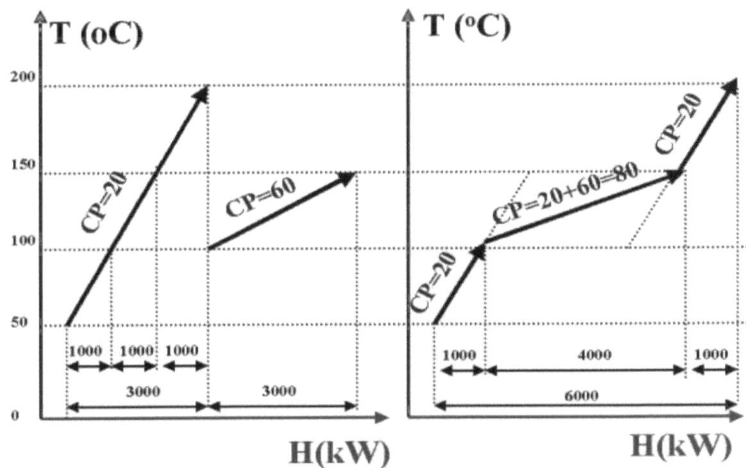


**Construction d'une courbe composite froide**

Entre 200°C et 150 °C, le courant de débit calorifique CP = 20 est le seul existant et dès lors la seule énergie disponible et $\Delta H = 20 * (200 - 150) = 1000 kW$.

Entre 150°C et 100°C, les deux courants existent donc une énergie disponible $\Delta H$ de :

$$\Delta H = (20 + 60) * (150 - 100) = 4000 kW$$

Ainsi une série de valeurs de $\Delta H$ est obtenue pour chaque intervalle. En reliant les segments entre eux, on obtient une seule courbe pour les deux courants froids (côté droit de la figure, de même pour la représentation de la composite chaude chauds).

La figure suivante, générée par l'outil Hint, illustre la contribution des courants chauds et froids cités plus haut dans chacune des courbes composites. La zone où les courbes se recouvrent représente la quantité d'énergie pouvant être récupérée entre les courants chauds et les courants froids, permettant ainsi de satisfaire simultanément les besoins en chauffage et en refroidissement dans cette zone. Les extrémités des courbes composites représentent la quantité minimale d'énergie devant être fournie au procédé (charge minimale $Q_{h,min}$) et la quantité minimale d'énergie devant être évacuée (charge minimale $Q_{c,min}$).

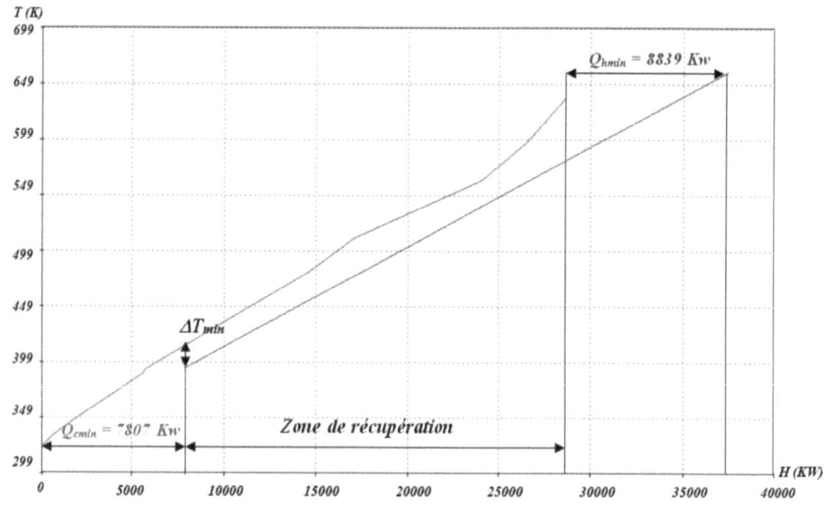


**Courbes composites froide et chaude**

Les courbes composites obtenues avec un $\Delta T_{min}$ = 20°C, montrent que le point de pincement est situé à une température de 140°C (413 K) côté fluides chauds et 120°C(393 K) du côté des fluides froids. Les résultats de la représentation graphiques des courbes composites sont les suivantes :

- $Q_{c,min}$ = 7 807 kW
- $Q_{h,min}$ = 8 839kW
- $Q_{recup}$ = 41 601 kW
- Température de pincement $T_{pincement}$ = 130 °C

> ### *Méthode des intervalles de températures (méthode analytique)*

Les courbes globales présentées précédemment sont utilisées pour déterminées les consommations minimales des utilités à une valeur de $\Delta T_{min}$ donnée. Compte tenu du caractère imprécis de cette méthode, Linhoff et Fower ont proposé en 1988 une méthode analytique communément connue sous le nom de « *Problem Table Method* ».

Dans la méthode analytique les enthalpies propres à chaque intervalle de températures sont établies pour les courants chauds et froids ensemble pour un maximum d'énergie échangée dans chaque intervalle. Dans ce cas il faut s'assurer que le $\Delta T_{min}$ est respecté entre les courants froids et chauds dans chaque intervalle.

Le tableau suivant représente l'application de la méthode analytique pour le cas industriel traité. La première colonne indique les bornes des intervalles de températures ajustées telles que $\Delta T_{min}/2 = 10°C$ a été ajouté/retranché aux courants froids/chauds. Dans ces conditions, chaque intervalle aura soit un net surplus soit un déficit d'énergie mentionné dans la 13ème colonne du tableau.

| | Ti-Ti+1 (°C) | C1 | C2 | C3 | C4 | C5 | C6 | C7 | C8 | ΣCPc-ΣCPh (kW/°C) | ΔH (kW) | état | de l'utilité chaude 0 | 8839 |
|---|---|---|---|---|---|---|---|---|---|---|---|---|---|---|
| 397 | | | | | | | | | | | | | | |
| 354 | 43 | oui | non | non | non | non | non | non | non | 111,0 | 4773 | deficit | -4773 | 4066 |
| 318 | 36 | oui | non | non | oui | non | non | non | non | 59,0 | 2124 | deficit | -6897 | 1942 |
| 316 | 2 | oui | non | non | oui | non | oui | non | non | 50,0 | 100 | deficit | -6997 | 1842 |
| 314 | 2 | oui | non | non | oui | non | oui | non | non | 50,0 | 100 | deficit | -7097 | 1742 |
| 280 | 34 | oui | non | non | oui | oui | oui | non | non | 40,0 | 1360 | deficit | -8457 | 382 |
| 228 | 52 | oui | non | oui | oui | oui | oui | non | non | -25,0 | -1300 | surplus | -7157 | 1682 |
| 216 | 12 | oui | non | non | oui | oui | oui | non | non | 40,0 | 480 | deficit | -7637 | 1202 |
| 197 | 19 | oui | non | non | oui | oui | oui | oui | non | 28,0 | 532 | deficit | -8169 | 670 |
| **130** | 67 | oui | oui | non | oui | oui | oui | oui | non | 10,0 | 670 | deficit | **-8839** | 0 |
| 110 | 20 | non | oui | non | oui | oui | oui | oui | non | -101,0 | -2020 | surplus | -6819 | 2020 |
| 106 | 4 | non | oui | non | non | oui | oui | oui | non | -49,0 | -196 | surplus | -6623 | 2216 |
| 69 | 37 | non | oui | non | non | oui | oui | oui | oui | -92,0 | -3404 | surplus | -3219 | 3620 |
| 50 | 19 | non | oui | non | non | oui | non | oui | oui | -83,0 | -1577 | surplus | -1642 | 7197 |
| 40 | 10 | non | oui | non | non | non | non | non | oui | -61,0 | -610 | surplus | -1032 | 7807 |
| | | | | | | | | | | | | | vers l'utilité froide | 7807 |

**Application de la méthode analytique pour le cas industriel traité**

L'enthalpie est calculée pour chacun de ces intervalles par la formule suivante:

$$\Delta H = (T_i - T_{i+1}) * \left(\sum CP_c - \sum CP_H\right)$$

où $CP_C$/ $CP_H$ désignent le débit calorifique du courant froid/chaud.

Le transfert d'énergie en cascade est effectué en supposant que l'énergie disponible dans un intervalle i est suffisante pour subvenir aux besoins de l'intervalle i+1. Du tableau 7.3 on remarque que le plus grand déficit correspondant au point de pincement recherché est égal **8 839 kW**, cette quantité de chaleur doit être apportée par l'utilité chaude et transférée en cascade à travers le système conformément aux valeurs d'enthalpies illustrées dans la dernière colonne du tableau. La quantité minimale que l'utilité froide devra céder devra être égale à **7 807kW**. Le point Pinch est localisé à une température de **130°C** (i.e. courants chauds à **120°C** et froids à **140°C**), en ce point le débit d'énergie est nul. Il est aussi possible de présenter les résultats des calculs analytiques de la méthode Pinch en réalisant un diagramme dénommé cascade des flux. La figure suivante présente la cascade des flux calculés par l'outil Hint.

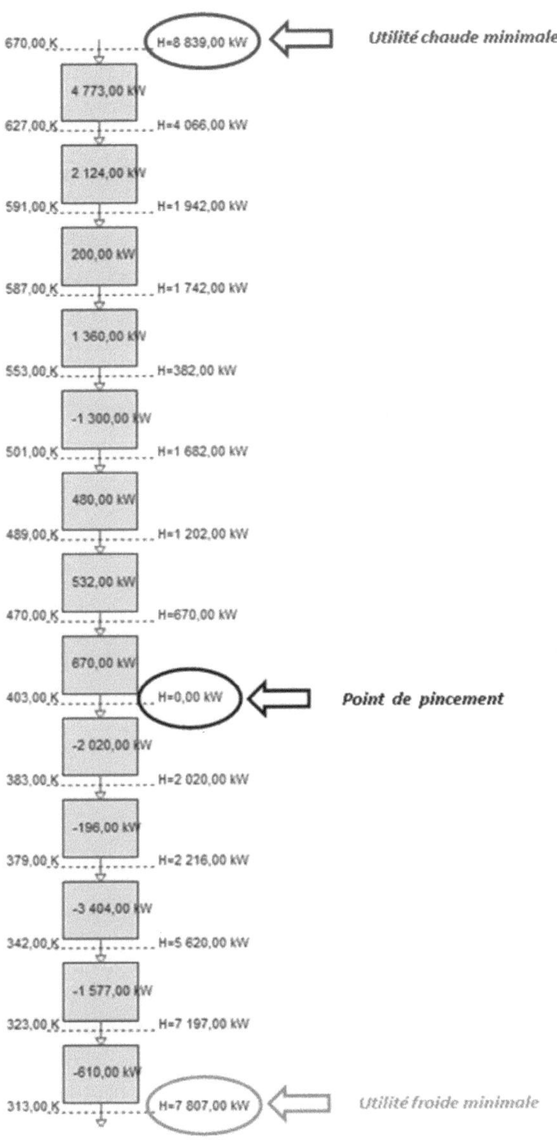


**Cascade des flux calculés par l'outil Hint
pour l'unité de distillation sous vide étudiée**

> ### *Grande Courbe Composite*

La plupart des procédés sont chauffés et refroidis à l'aide de plusieurs utilités (vapeurs à différents niveaux de pression, gaz de combustion, eau de refroidissement, système de réfrigération, …). Pour réduire les coûts d'énergie il faut utiliser en priorité les utilités les moins onéreuses. Pour ce faire, on utilise généralement la courbe appelé Grande Courbe Composite qui exprime la différence énergétique entre les composites froide et chaude. Elle permet d'affecter les besoins énergétiques du procédé à une seule courbe avec un besoin énergétique apparaissant nul au pincement. Cette courbe est obtenue en élevant (translation en haut) la composite froide de $\Delta T_{min}/2$ et en abaissant (translation vers le bas) la composite chaude de $\Delta T_{min}/2$ de sorte à ce que les deux composites se touchent. Cette opération est illustrée dans la figure suivante.

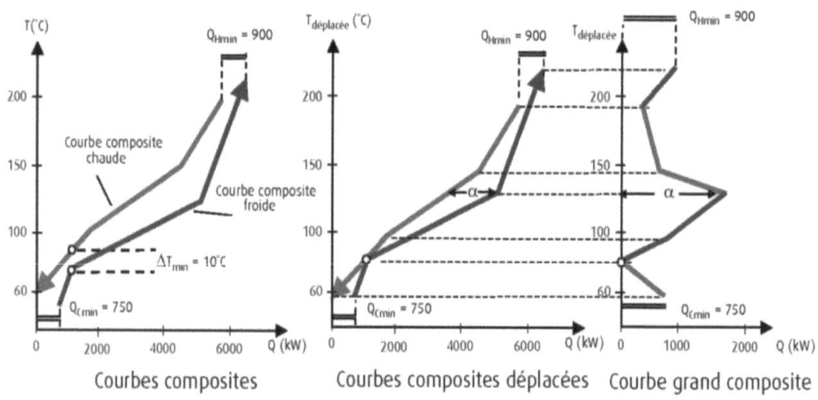


La quantité $\alpha$ est la valeur d'enthalpie résiduelle résultante de la translation des deux courbes composites, sa variation est représentée dans un diagramme (T, Q), cette courbe est représentée à droite de la figure ci-dessus.

A ce stade nous disposons d'une représentation graphique des flux énergétiques dans le procédé, des utilités servant au chauffage des flux situés (énergétiquement) en haut du point de pincement, et des flux situés en bas du point de pincement vers les utilités servant à refroidir le procédé. La figure suivante illustre séparément la courbe grande composite seule trouvée à l'aide de l'outil Hint.

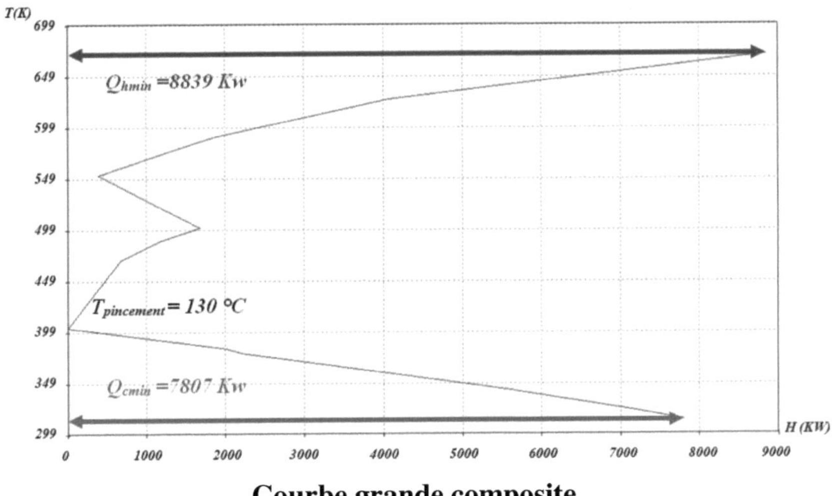


**Courbe grande composite**

La grande courbe composite représente la situation d'échange idéale des flux d'énergie dans le procédé, l'allure de cette courbe montre une intersection avec l'axe de T indiquant ainsi un flux thermique nul à échanger au voisinage du point de pincement (T=130°C). Par conséquent les utilités chaudes à installer devront être dans notre cas à une température supérieure à 130°C alors que celles froides devront être inférieures à 130°C.

## 4.4  Conception du train d'échange de chaud optimal

Suite à la détermination des flux chauds et froids de l'unité et au choix de la valeur de pincement $\Delta T_{min}$, à ce stade les règles cités plus haut peuvent être appliqués pour connecter les différents flux. Dans ce cadre, l'algorithme de conception (p. 170) peut être appliqué. Conformément aux étapes suivies précédemment et illustrés dans la figure de la page 169 nous pouvant établir les différentes connexions entres les flux et présenter ainsi graphiquement le diagramme en grille du réseau des échangeurs optimisé pour le procédé étudié. La figure suivante représente le diagramme en graille de l'unité de distillation sous vide étudiée établis à l'aide de l'outil Hint. Le diagramme en grille ainsi établi peut être converti en *flowsheet* d'installation en réalisant une analyse des trains chauds et froid séparément. La figure de la page 183 illustre le *flowsheet* améliorée retenu de l'unité étudiée.

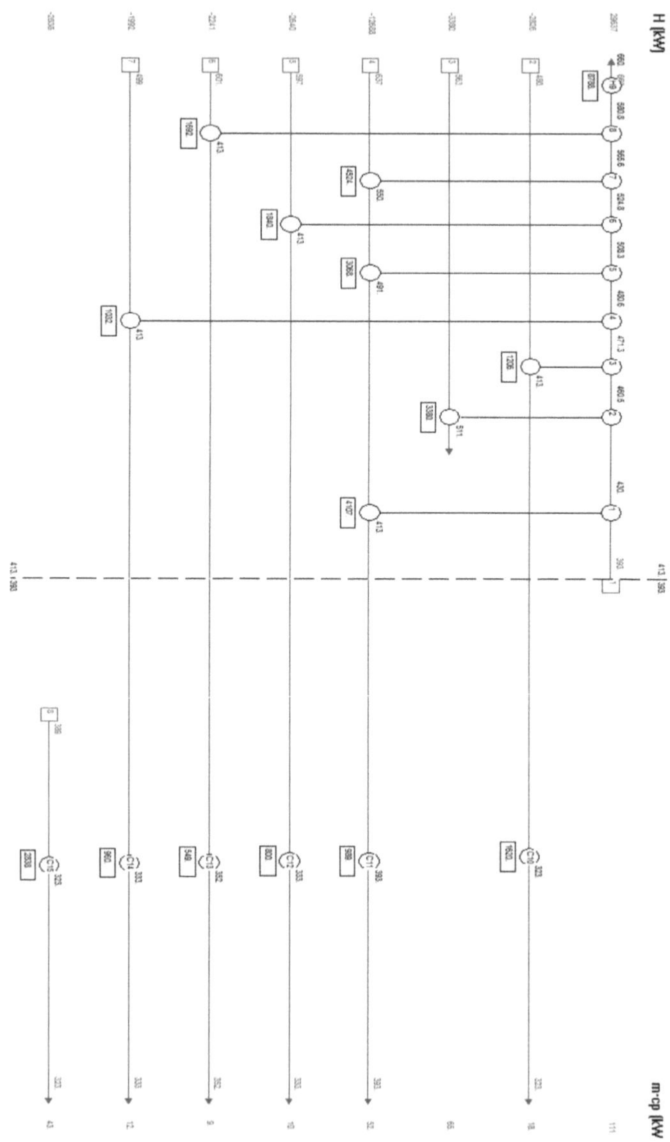

**Diagramme en graille de l'unité de distillation sous vide**

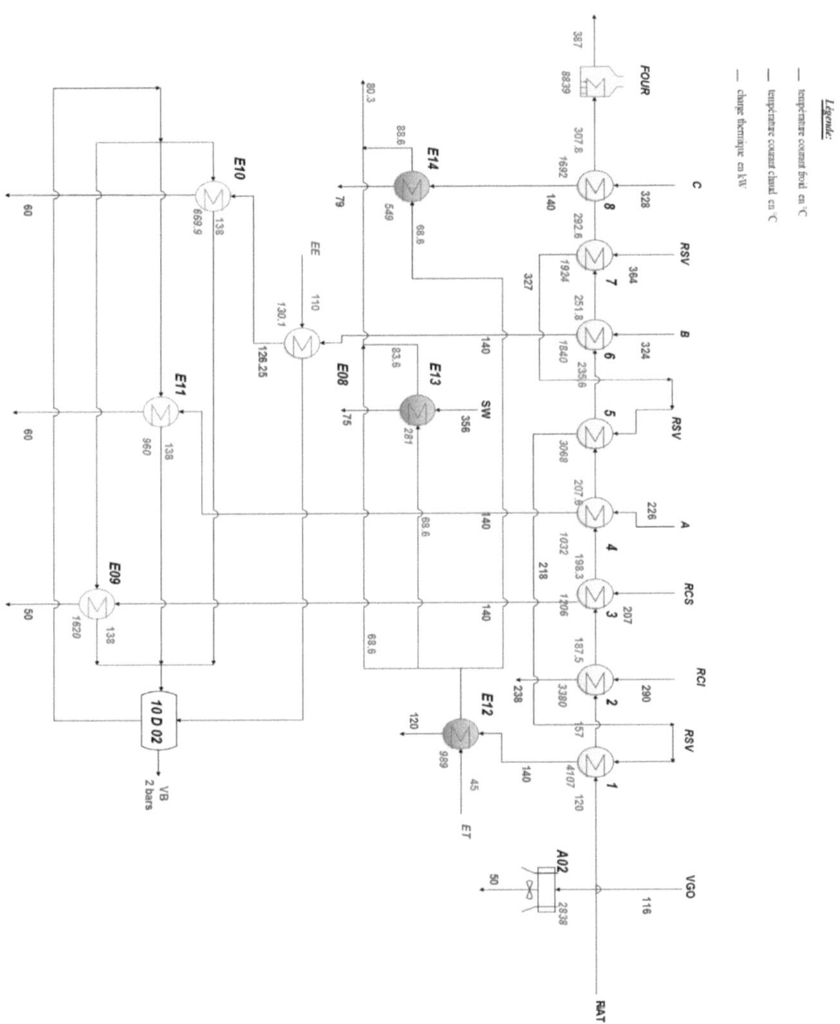


**_Flowsheet_ amélioré de l'unité de distillation sous vide**